熱設計と数値シミュレーション 第2版

国峯尚樹＋中村 篤 [共著]
Naoki Kunimine　Atsushi Nakamura

THERMAL DESIGN

Ohmsha

本書に掲載されている会社名・製品名は、一般に各社の登録商標または商標です。

本書を発行するにあたって、内容に誤りのないようできる限りの注意を払いましたが、本書の内容を適用した結果生じたこと、また、適用できなかった結果について、著者、出版社とも一切の責任を負いませんのでご了承ください。

本書は、「著作権法」によって、著作権等の権利が保護されている著作物です。本書の複製権・翻訳権・上映権・譲渡権・公衆送信権（送信可能化権を含む）は著作権者が保有しています。本書の全部または一部につき、無断で転載、複写複製、電子的装置への入力等をされると、著作権等の権利侵害となる場合があります。また、代行業者等の第三者によるスキャンやデジタル化は、たとえ個人や家庭内での利用であっても著作権法上認められておりませんので、ご注意ください。

本書の無断複写は、著作権法上の制限事項を除き、禁じられています。本書の複写複製を希望される場合は、そのつど事前に下記へ連絡して許諾を得てください。

出版者著作権管理機構
（電話 03-5244-5088、FAX 03-5244-5089、e-mail：info@jcopy.or.jp）

JCOPY ＜出版者著作権管理機構 委託出版物＞

はじめに

　熱流体シミュレーションが普及し、機器内の空気の流れや温度分布を詳細に事前予測できるようになりました。こうしたCAEを駆使した設計はモデルベースデザイン（MBD）と呼ばれ、開発期間の短縮や品質向上に役立っています。

　しかし、解析モデルが大規模で複雑化するほど、設計パラメータと結果（温度）との関係は把握しにくくなり、現象を大づかみにして適切な組み合わせを導くことが難しくなります。かといって伝熱工学で扱う基礎式を電子機器に適用しようとしても、複合的な熱移動を扱うのは限界があります。

　そこで、伝統的な伝熱工学手法をコンピュータと組み合わせて実用的なツールにしたのが「熱回路網法」です。熱回路網法はCAEが登場する以前から知られた古い手法ですが、その活用には、「放熱経路の構造化」と「熱抵抗の定量化」という伝熱工学の知識が必要で、初めての方にはなじみにくい部分もあります。また、熱回路網法について詳しく解説した書籍も少ないため、一部の技術者・研究者が利用するに留まっていました。

　そうした中、2015年にオーム社から本書の企画をいただき、熱回路網法のノウハウを第1版としてまとめました。Excelと無償体験版の回路シミュレータをベースにしたこの書籍は大きな反響をいただきました。掲載したプログラムを元に自社で専用解析システムを開発されたり、製造プロセスや建築設計に応用されたりと著者らの想定以上に多くの分野で活用されました。

　適用範囲が広がると、多くの方から、もっと大規模な問題を解きたい、もっと高速化したい、実際のプリント基板をどうモデル化したらよいか……などたくさんの問い合わせやご要望を頂戴いたしました。こうした折、オーム社より第2版の企画をいただき本書の出版にいたりました。

　第2版では「実用性」を重視し、次の項目を追加しています。

iv　はじめに

- 電子機器の熱解析でモデル化が難しい多層基板の熱回路網モデルについて、熱流体解析結果と比較しながら解説しました。
- 電子機器の熱設計で課題となっている部品の発熱量を測定温度から逆算する手法について解説しました。
- より大規模な計算を行うための計算アルゴリズムの改良方法、Pythonのライブラリを使って高速化する方法について解説しました。
- 回路シミュレータを使った放熱プレートの熱解析を加え、Excelの熱回路網法の結果との比較を行いました。

本書は以下のように構成されています。

　第1部では、熱設計の目的や課題を整理するとともに、熱設計を進める上で必要な伝熱工学の基礎知識について簡単に解説しました。第2部以降に登場するキーワードの説明を含みますので、最初にご一読下さい。すでに基礎知識をお持ちの方は読み飛ばしていただいても結構です。

　第2部では、Excelを使った熱と流れの計算方法について解説しました。熱伝導、対流、熱放射という複数の非線形現象が同時に起こる問題を効率的に解くための手法について、例題を用いて説明しています。また、流れの解析に不可欠な流体抵抗の算出方法についても解説しました。

　第3部では、Excelを使った熱回路網法の解析事例について解説しました。計算に使用するプログラムリストを紹介し、これを使った解析例を定常、非定常に分けて紹介しました。また、部品、基板、筐体などの基本モデルの作成方法、流体抵抗網法を用いた風量、風速の計算方法、熱電素子のモデル化について解説するとともに、加熱、保温など電子機器以外のモデルについても紹介しています。

　第4部は、熱回路網法をより実務的な設計計算に適用できるようにするため、追加しました。多層基板のモデル化、発熱量の推定、大規模演算の高速化について詳しく解説を行いました。またPythonとExcelの連携による拡張方法についても解説しています。Pythonのプログラム作成にあたっては信越化学工業株式会社の本田和也様に多大なるご協力をいただきました。

　第5部では、回路シミュレータを使った熱回路網解析について解説しました。Excel計算との整合性を比較検証し、半導体パッケージの熱抵抗に関する基礎知識から、パワー制御方法や熱流体解析ソフトと組み合わせて熱抵抗・熱

容量を求める手法まで、詳解しています。等価回路のトポロジ、定数を明示的に回路図で確認できること、過渡解析のグラフ化が容易なことなど、実は回路シミュレータが熱解析に向いていることを体感いただけると思います。

　本書では、Excelを使った熱回路網法と回路シミュレータを使った熱回路網法の2つについて解説しています。Excelを使い慣れた方は前者、回路シミュレータに慣れている方には後者がおすすめです。

　最後に、貴重なデータや図表を提供していただいた企業の方々、プログラム作成にご尽力いただいた信越化学工業株式会社の本田和也様、回路シミュレータSIMetrixの使用をご快諾いただいた株式会社インターソフトの高橋謙司様、有益なご助言をいただいたオーム社の皆様に心より感謝いたします。

2024年8月

国　峯　尚　樹
中　村　　　篤

■サンプルファイルについて

サンプルファイルは、以下のホームページからダウンロードできます。

オーム社ホームページ：https://www.ohmsha.co.jp/book/9784274232442/

※ダウンロードサービスは、止むを得ない事情により、予告なく中断・中止する場合があります。

目 次

はじめに iii

第1部　熱設計を始めよう　　　　　　　　　　　　　　　　1

第1章　重要度が増す「熱マネジメント」............................. 3
1.1　熱対策から熱解析、そして熱設計 3
1.2　「熱設計」がなかなか定着しない理由 5
1.2.1　伝熱現象が複雑なため手計算での温度予測が困難 6
1.2.2　熱設計にはトータル設計のアプローチが必要 7
1.2.3　「熱」をマネジメントする人材が育ちにくい 8
1.3　熱設計をサボるとどうなるか？ 9
1.3.1　熱暴走する 9
1.3.2　熱疲労や劣化が進む 10
1.3.3　低温やけどする 12

第2章　熱設計の基礎となる伝熱知識 13
2.1　熱のオームの法則 13
2.2　熱設計は熱抵抗に始まり熱抵抗に終わる 14
2.3　熱伝導──温度を均一化するには熱伝導を使う 16
2.4　対流──空気の流れを作って面の平均温度を下げる 18
2.5　熱放射──表面状態を変えるだけで温度を下げる 20
2.6　物質による熱輸送──最も頼りになる「空気のベルトコンベア」...22

第3章　電子機器に必要な伝熱の応用知識 24
3.1　等価熱伝導率 24
3.2　広がり熱抵抗 26
3.3　接触熱抵抗 29
3.4　フィン効率 32
3.5　熱容量と熱時定数 34

第2部　Excelを使って温度を計算しよう　37

第4章　温度を予測するための3つのアプローチ 39
- 4.1　伝熱の基礎式を合成して「電子機器用熱計算式」を導く 40
- 4.2　熱回路網法で解く 42
- 4.3　数値解析ソフトを使う 48

第5章　Excelを活用した伝熱計算の方法 50
- 5.1　電子機器筐体の内部温度を求める 50
- 5.2　循環参照を許可して計算する 52
- 5.3　ゴールシークを使う 56

第6章　Excelを使った応用計算例 58
- 6.1　セラミックヒータの温度上昇（計算と実測の比較）............... 58
- 6.2　ジュール発熱による配線やバスバーの温度上昇 61
- 6.3　自然空冷筐体の内部温度計算 64

第7章　Excelを使った流れの計算 68
- 7.1　圧力損失 68
- 7.2　摩擦による圧損係数 70
- 7.3　流路変化による局所圧損係数 71
- 7.4　通風抵抗 74
- 7.5　流れと温度の統合計算例 76

第3部　熱回路網法で実務計算にチャレンジしよう　83

第8章　Excel VBAを使った熱回路網法プログラム例 85
- 8.1　Excel VBAを使って連立方程式を解く 85
- 8.2　VBAによる熱回路網法プログラム 87
- 8.3　追加すると便利な機能 91

第9章　熱回路網法で定常熱解析を行う 93
- 9.1　アルミプレート上の発熱体の温度を求める 93
- 9.2　熱伝達率の非線形性を考慮した計算を行う 98

9.3　局所熱伝達率を用いて計算を行う 101
9.4　熱回路網によるパラメータの評価（サーマルビアの本数を決める）.... 104

第10章　熱回路網法で過渡解析を行う 108
10.1　VBAによる非定常熱計算プログラム 108
10.2　放熱プレートの温度上昇カーブを求める 114
10.3　Excel関数を使ったさまざまな条件設定（時間・温度制御）.... 116

第11章　電子機器筐体のモデル化基板と部品のモデル化.... 123
11.1　部品を2節点でモデル化する 123
11.2　基板を等価熱伝導率でモデル化する 125
11.3　部品を基板に実装する 126
11.4　8節点で密閉筐体をモデル化する 129
11.5　通風口やファンをモデル化する 132

第12章　熱回路網法を使ったさまざまな解析事例 137
12.1　物体の加熱（熱風加熱）... 137
12.2　配管の断熱材 141
12.3　ペルチェモジュールによる冷却（TEC）................................ 144
12.4　ペルチェモジュールによる発電量の計算（TEG）.................. 150

第13章　流体抵抗網法 153
13.1　流体抵抗網のモデル作成方法 153
13.2　電子機器内の風量分布の計算 157
13.3　電子機器内の空気温度分布の計算 162
13.4　風量調整による温度の均一化 163

第4部　熱回路網法の製品適用を拡大しよう　　165

第14章　多層プリント基板の詳細解析 167
14.1　分割数を増やした放熱プレートの定常解析モデル 167
14.2　放熱プレートの過渡熱解析モデル 178
14.3　多層基板の熱回路モデル（1層）.. 179

14.4　多層基板の熱回路モデル（3層）..184
  14.5　サーマルビアと部品形状..185

第15章　部品の発熱量推定 189
  15.1　熱設計に重要な部品の発熱量 189

第16章　熱回路網法マトリクス演算の高速化.....................198
  16.1　熱回路データの自動作成..198
  16.2　バンドマトリクス法による演算の高速処理..............................202

第17章　ExcelとPythonの連携による計算の高速化 210
  17.1　Pythonの利用環境設定 210
  17.2　Pythonによる熱回路網法プログラムの流れ............................211
  17.3　Pythonプログラムの実行（1）計算環境の設定.....................212
  17.4　Pythonプログラムの実行（2）Excelデータの読み込み.........214
  17.5　Pythonプログラムの実行（3）データチェックと変換 217
  17.6　Pythonプログラムの実行（4）熱伝導マトリクス組み立て 218
  17.7　Pythonプログラムの実行（5）境界条件処理..........................219
  17.8　Pythonプログラムの実行（6）マトリクス計算 220
  17.9　Pythonプログラムの実行（7）結果をExcelに出力 221
  17.10　計算結果と計算時間の比較 221

第5部　回路シミュレータを使った熱回路網法　　　223

第18章　回路シミュレータを使ってみよう 225
  18.1　ソフト（体験版）のダウンロードとインストール....................225
  18.2　回路シミュレータに熱回路網を描いてみよう 227
  18.3　回路、部品モデルの性質を覚えておこう 236

第19章　第3部の例題を解いてみる 238
  19.1　アルミプレートの切断箇所と節点温度......................................238
  19.2　アルミプレート節点温度の時間変化...244
  19.3　周期的発熱と節点温度 248

19.4　部品モデルと節点温度 253

第20章　半導体チップとパッケージ 257
20.1　パッケージの内部構造と放熱経路 257
20.2　半導体パッケージの熱特性の測定方法 263
20.3　チップ温度の推定（チップ温度は思いのほかケース温度に近い）...264
20.4　熱流体解析を使って θ_{ca}, θ_{ba} を精度よく求める方法 273

第21章　温度が上昇する過程を追う 276
21.1　トランジェント解析の実行 276
21.2　温度上昇カーブから熱抵抗と熱容量を算出する 283
21.3　ラダー回路の多段化による上昇曲線の精度向上 285

第22章　先端デバイスの放熱設計 290
22.1　温度上昇に伴って増加する発熱量 290
22.2　温度検出と発熱コントロール 295
22.3　放熱性を確保して熱暴走を防ごう 302

索　引 305

第1部
熱設計を始めよう

第1章　重要度が増す「熱マネジメント」
第2章　熱設計の基礎となる伝熱知識
第3章　電子機器に必要な伝熱の応用知識

第1章
重要度が増す「熱マネジメント」

1.1 熱対策から熱解析、そして熱設計

　熱設計は、半導体や実装技術の進歩とともに大幅に変わってきました。かつて部品の集積度が低く、部品外形は大きく、表面実装がなかった時代には、部品の熱は空気に逃げていました。この時代の熱対策の主役は機械屋でした。部品の熱をいかにうまく空気に逃がすか？　空気に逃げた熱をいかに早く筐体の外に出すか？　これが設計命題でした（図1.1）。

従来型の熱設計
熱を空気の流動で筐体外に移動させる
通風口、ファン、ヒートシンクによる
熱設計が主体
熱マネジメントは空気温度の管理が主体

■**筐体**
体積あたりの発熱量は少なく、通風口や換気風量も大きくとれる

■**基板**
実装密度が小さく、特定部品への発熱の集中が少ない（発熱分布が均一）

■**部品**
表面積が大きく、熱は表面から空気に逃げる
リードが熱ひずみを吸収してくれる

最近の熱設計
熱は基板や筐体に伝えて表面から逃がす
基板放熱や筐体接触放熱が主体
熱マネジメントは全部品の温度管理が必要

■**筐体**
体積あたりの発熱量が増加し、密閉・ファンレス化で放熱機能は低下

■**基板**
発熱密度が増え、特定部品(CPU/GPU 等)に発熱が集中する。多層化が進み基板の放熱能力は増大

■**部品**
小型化が進み、熱は表面からでなく基板から逃げる
リードレス化によって、熱応力が発生しやすい

図1.1　機器実装形態の進展と熱設計の変化

部品温度の管理も「周囲温度」で行われていたので、機械屋が頑張って部品周囲温度（機器内部温度）を下げれば製品は成立しました。熱が心配であれば、バラックセットにダミー抵抗器をセットして温度を確認し、測っては対策を繰り返す「熱対策型」アプローチの時代でした（図1.2）。

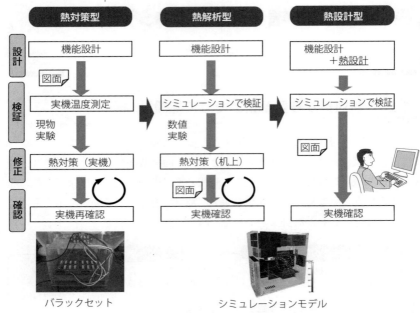

図 1.2　熱対策型、熱解析型から「熱設計型」へ

しかし部品が小型化し、表面実装化や多ピン化、基板の多層化が進むと、部品の表面積が減り、基板への接続が増えます。部品の熱は空気に逃げず、基板に逃げるようになりました。部品も「周囲温度」のようなどんぶり勘定では管理が難しくなり、個々の部品の端子温度やパッケージ温度によってひとつひとつ管理します。このため、製品評価時に付ける熱電対の数も膨大になっています。開発スケジュールは毎年確実に短期化し、悠長に試作を繰り返してはいられません。

そこで「熱流体シミュレーション」を取り入れ、試作なしで温度を予測するようになってきました。「熱解析型」への移行です。ただし、熱解析型のスキームは熱対策型と大きくは変わりません。「現物実験」を測定で行うか、「数値

実験」で予測するかの違いです。

　そこで、最近は機能設計と同時に放熱経路の設計を行う「熱設計型」が多く取り入れられるようになってきました。しかし、「形を作る前にいったいどのようにして温度を予測するか」が課題となります。ここでは形状設計以前に、熱パラメータの設計が必要となるのです。

　さらに最近では、「要求仕様をすべて取り入れると熱設計が成り立たない」ことも少なくありません。そこで過酷な条件（周囲温度が高い場所で大量の処理を行うなど）に遭遇した場合は、消費電力を抑制して温度を一定以下に保つなど、ダイナミックに熱設計を行う「熱制御型」も目立つようになってきました。これには例えば、部品の温度によって動作・機能を制限する高度なソフトウェア処理が必要になります。

　こうした開発初期段階での熱設計のためには、数値流体力学ソフトウェア（CFD：Computational Fluid Dynamics）に頼るだけでなく、熱の論理回路である熱回路網法を用いたアプローチが必要になります。

　本書ではこれらの手法について順を追って説明していきます。

1.2 「熱設計」がなかなか定着しない理由

　熱流体シミュレーションソフトが電子機器の熱解析に使われ始めて30年が経ち、大企業を中心に急速に普及しました。設計段階での熱流体シミュレーションや熱伝導解析は日常的に行われています。しかし、「熱設計」はどうでしょうか？

　熱解析と熱設計は根本的に異なります。熱解析は設計した形状を元に温度を予測する「検証」ですが、熱設計は熱的要件（温度や発熱量）を元に冷却構造を作り上げる「仮説立案」です。解析と設計ではインプットとアウトプットが逆になります。

　適切に熱設計された機器を、物を作らずに検証し、ディテールを速やかに修正することで、効率的な設計プロセスが回るようになります。つまり、熱設計と熱解析を両輪として設計の流れを作ることが重要です。解析だけ先行して行っても思うような効果は得られません。

　しかし、なぜ熱設計が定着しないのでしょうか？

1.2.1 伝熱現象が複雑なため手計算での温度予測が困難

熱設計を始めようとすると、まず基礎となる「伝熱工学」を学ぶことになります。熱伝導、対流、熱放射といった熱移動の基礎式を理解し、基本的な計算を行います。しかし、その知識を実務的な「熱設計」に結び付けようとすると、非常に困難な状況に陥ります。等温壁面の自然対流による放熱量が計算できても、多数の部品を搭載した複雑なプリント基板の温度は推定できません。このギャップに遭遇して途方にくれます。

図1.3に示すように、伝熱現象は複雑です。熱の移動が「熱伝導」のみであれば、比較的簡単な公式を用いて温度予測も可能ですが、機器の熱は最後は空気（流体）に移動します。熱をもらった流体は動くので、「流体の挙動」を把握しなければならなくなります。これだけで熱と流体が連成した問題になります。これに加えて熱放射が起こります。これは熱伝導や対流とは全く異質の「電磁波による熱輸送」であり、反射や吸収などの光学計算が必要になります。

しかし、部品の温度を予測するにはこれらすべてを考慮しなければなりません。個々の基礎式は非線形性があるため、簡単な計算であっても、非線形連立方程式を解く必要があります。このため、「熱設計のための公式や計算式」は

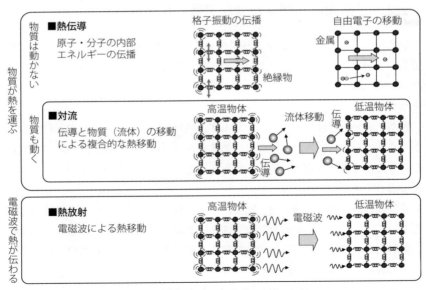

図1.3　ミクロに見た熱移動のメカニズム

ほとんど見あたりません。

「筐体温度計算式」など先人が導出した公式らしきものはありますが、計算が大変な割には、求められる結果が単純です。たいていの場合は内部空気温度や筐体の平均温度だけです。これではパワーデバイスの横に配置されたコンデンサの温度が上限を超えないかどうか……、などの判定には使えません。

結局、物を作ってから温度を測る、形状設計が完了してからシミュレーションで予測してみる、など最終段階になってからのつじつま合わせに陥ってしまうのです。

■ 1.2.2　熱設計にはトータル設計のアプローチが必要

熱設計のインプットとは何でしょうか？　熱設計に取り組むために明確でなければならない情報は最低3つ必要です。

（1）使用部品の温度上限（部品使用温度範囲）

機器を構成するすべての部品に温度上限があります。これを超えてしまうと機能や性能、寿命、安全性などさまざまな不具合を誘発します。温度上限を決めるには、品質や信頼性と温度との因果関係を知る必要があります。

（2）製品の温度上限（製品使用温度範囲）

製品仕様書には必ず使用温度上限が明記されています。使用温度範囲が広ければ、製品にとって優位な特長になり、競争力が増します。

（3）発熱量（消費電力）

設計段階で発熱量を正確に予測することは難しいです。最近は部品の個体ごとのばらつきや使用温度による変動、動作モードによる変化などが大きく、固定的な値ではなくなっています。さらに開発途中で機能が追加され、当初の予定よりも発熱量が増えるなど、その扱いはとてもやっかいです。

これらを踏まえて、適切な最大発熱量を定めることが重要な設計技術の1つとなっています。

もちろん、これら3つの要件に加えて、装置の大きさや重量、通風口やファンの制限、そしてコストの制約など、さまざまな条件を満たしつつ放熱機構を設計しなければなりません。「熱」以外の総合的な知識と知恵が必要になります。

では、熱設計のアウトプットとは何でしょうか？　これは「形状（図面）」です。といっても「熱設計図」なるものが存在するわけではなく、機構・筐体図、基板レイアウト図、配線パターン図の中に熱設計の結果が埋め込まれていきます。つまり、熱設計の結果を図面に表現するのは個々の設計者です。だからといって機構、回路、基板の各設計者が個別に熱設計を行うことはできません。熱は部品から基板、筐体を通って外気に放出されるため、一連の放熱経路を形成します。部品、基板、筐体は、それらの一構成要素に過ぎず、放熱性能はトータルで決まるからです。

　つまり、個々の設計者が図面化する前に放熱経路全体を「誰か」が設計し、その結果（熱設計方針）に基づいて、各設計者が図面化を行わなければならないのです。この「誰か」が熱設計者です。この「熱設計の流れ」を作るには、プロセスの設計と熱設計者の育成という組織的な取り組みが不可欠です。最近は多くの企業でこの取り組みが始まっています。

■ 1.2.3　「熱」をマネジメントする人材が育ちにくい

　伝熱や熱力学は機械系の技術分野と考えられています。ファンやヒートシンクを使って冷却装置を設計する部分はいかにも機械屋らしく見えます。ところが、最近の密閉、ファンレス小型機器では基板を使った放熱が増え、機械屋の活躍する場が相対的に少なくなってきました。

　しかし、回路、基板設計者は伝送線路の信号動作や不要輻射ノイズ、配線収容性に関心が高く、放熱に関する優先度はさほど高くありません。試作基板が動いて、初めて熱が問題になるケースも多々あります。

　発熱量の抑制が最も根本的な熱対策ですが、機械屋にはなかなか手が出せません。回路屋が発生させた発熱量を「どう処理するか」だけが、機械屋の守備範囲になってしまうのです。回路と機械を見渡してバランスをとるサーマルマネジメントを行う人の存在が必要になっています。

　このように、熱設計が定着するにはさまざまなハードルを超える必要があります。しかし、どう進めるにしても、本書のテーマである「設計初期段階での熱計算ツール」は不可欠です。

1.3　熱設計をサボるとどうなるか？

　以前は、熱設計は典型的な「当たり前品質」と言われ、「うまくいっても褒められないが、失敗すると怒られる」という割に合わない仕事でした。熱設計を失敗すると「機器の寿命が短くなる」ことが懸念材料で、機能や性能に大きな影響を及ぼすことはあまりありませんでした。

　しかし、最近は熱が問題で出荷できない、熱くなるので売れない、熱くて動かなくなる……というように、熱が製品の売れ行きや評判に直接関わるようになってきました。熱が引き起こす問題が深刻になっているのです。

■ 1.3.1　熱暴走する

　半導体の微細化が進むと「リーク電流」が増えます。素子が小さくなると、素子の動作に関係なく常に電気が流れてしまうのです。この電流の漏れであるリーク電流は、素子の温度に関係します。素子の温度が高くなると、急激に電流が増えてしまうのです。電流が増えれば発熱量が増えます。すると、さらに温度が上がります。これが際限なく続き、やがて動作しなくなってしまう状態が「熱暴走」です。

　図 1.4 はインテル社が発表しているリーク電流の推移です。微細化とともにリーク電流の割合が急激に増えていることがわかります。

　リーク電流を考慮した熱シミュレーションについては第 22 章で詳しく説明します。

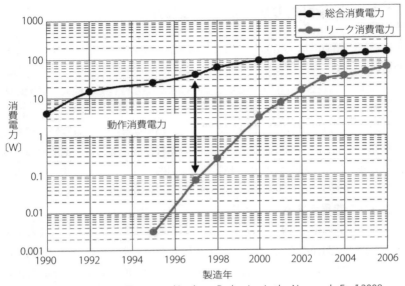

出典：Stefan Rusu, Intel Corp., "Power and Leakage Reduction in the Nanoscale Era," 2008.

図1.4　リーク消費電力の増加（インテル社サーバプロセッサの例）

1.3.2　熱疲労や劣化が進む

　温度が高くなると化学反応が促進されます。また、温度変化が繰り返されると機械的な熱疲労が進みます。例えば、アルミ電解コンデンサは、10℃温度が高くなるごとに寿命が半分になると言われます（図1.5）。これは温度が高くなることにより、内部に封入された電解液が封口ゴムを通して拡散してしまうことが原因です。温度が高くなるほど拡散スピードが速くなり、最後はドライアップによりオープンになってしまいます。

　また、パワーデバイスのチップでは、電流が流れたり止まったりすることで温度の上下を繰り返し、接続面が熱疲労する現象が起こります。パワーモジュールは、熱膨張係数の大きい金属導体とチップやセラミックなど熱膨張係数の小さい無機材料などから構成されます。これらが直接接合されるはんだ付け部や、ボンディングワイヤ接続部などに熱応力が発生しやすく、繰り返しにより疲労破壊が発生します。

1.3 熱設計をサボるとどうなるか? 11

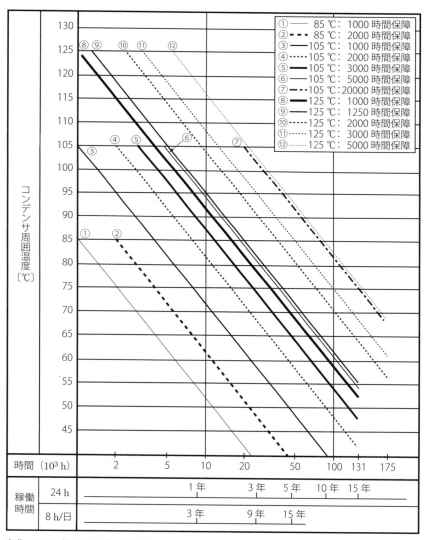

出典：ELNA社カタログ（2005年）

図1.5 アルミ電解コンデンサの温度と寿命との関係（例）

■ 1.3.3 低温やけどする

　利用者が手に持って使う製品では、表面温度が問題になります。スマートフォンをはじめとするこれらの機器は、ファンレス、密閉構造をとるため、熱はケース表面から逃がすしかありません。しかし、発熱量が増えると表面温度が上昇し、利用者に不快感や苦痛を与えることになります。また、表面温度が低くても長時間使用することで「低温やけど」を起こす場合があります。

　図1.6は皮膚温度とやけどに至る時間との関係を示したグラフです。温度が低くても長時間触れていると、皮膚がダメージを受けることがわかります。

　ここに説明した例はほんの一部ですが、電子機器に使用される部品や部材には必ず使用温度範囲があり、製品としての動作や信頼性を保証するためには、すべての温度条件を満たす必要があります。

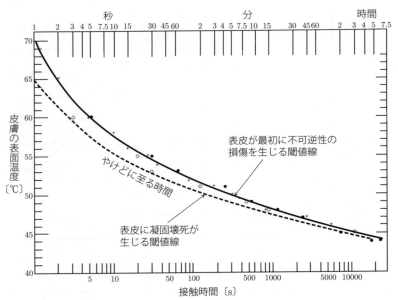

出典：STUDIES OF THERMAL INJURY A. R. Moxr, M.D., and F. C. HENRIQuES, JR., Ph.D.

図1.6　皮膚の温度とやけどに至る時間との相関関係

第2章
熱設計の基礎となる伝熱知識

　1.2.1 項で述べたように、伝熱はさまざまな熱移動形態が絡み合った複雑な現象です。このため、数値計算主体のシミュレーションに頼りがちですが、熱設計には伝熱工学的なアプローチが必要です。これによって初めて、設計パラメータと温度との因果関係がわかるからです。

　温度上昇を 50 ℃以下にするには、この部品の放熱面積を 1 200 mm² 以上とらなければならない、風速 2.5 m/s 以上で冷却しなければならない、というように、設計パラメータを論理的に導くことができるのです。

　ここでは熱計に必要な伝熱の知識について簡単に解説します。

2.1　熱のオームの法則

　図 1.3 に示したとおり、「熱」を微視的に見れば物質を構成する分子や原子、自由電子のバラバラな運動です。この運動が分子・原子間で伝搬したり（熱伝導）、物質の流れに伴って移動したり（対流）、運動によって放出された電磁波で伝わったり（熱放射）します。しかし、機器の放熱を考えるときにはもっとマクロな見方をします。

　伝熱で最も重要な法則は「エネルギーの保存」です。一度発生した熱は消すことができない、移動しかできないということです。発生した熱を速く移動させないと一ヶ所に留まり、エネルギー密度（温度）が高くなってしまいます。熱設計においては、「熱」というエネルギーの塊が移動すると考えます。

　これは水や電気と相似性があります。水も電気も、何か「圧力」をかけると「流れ」が発生します。流れる量は圧力に比例します。「圧力」は水であれば水圧差、電気であれば電位差（電圧）、熱であれば温度差です。「流れ」はそれぞ

れ水流、電流、熱流になります。両者は比例するので、その比をとると「抵抗」が求められます。

水なら「水圧差/流量 = 流体抵抗」、電気なら「電圧/電流 = 電気抵抗」、熱なら「温度差/熱流量 = 熱抵抗」となります。第18章で述べるように、この相似性を利用することで、電気回路シミュレータを使った熱解析が可能になります。

熱のオームの法則の式は以下のようになります。

熱流量 $Q=$ **熱コンダクタンス** $G \times$ 温度差 ΔT （式2.1）

温度差 $\Delta T=$ **熱抵抗** $R \times$ 熱流量 Q （式2.2）

ここで登場する「熱抵抗 R」（熱の流れにくさ）が、熱設計を行う上できわめて重要な概念となります。

2.2　熱設計は熱抵抗に始まり熱抵抗に終わる

「熱抵抗」という概念は最初わかりにくいかもしれません。温度上昇で考えた方が直感的で、ピンときます。熱抵抗は1Wあたりの温度上昇を表します。「温度上昇10℃」という表現では、条件が含まれませんが、「熱抵抗10℃/W」と表現すると、1Wあたり10℃上昇するということですから、3Wだったら約30℃上昇すると予測できます。より汎用的な表現になるわけです。

この熱抵抗を使うと以下のメリットがあります。

(1) 設計の目標がわかる

例えば、図2.1に示すような立方体モジュールの熱設計を任されたとします。前述のとおり（1.2.2項）、熱設計の3条件を明確にしなければなりません。設計条件は、

　①表面温度100℃以下

　②使用温度50℃以下

　③発熱量10W以下

とします。ここから「目標となる熱抵抗」が計算できます。

　　　　目標熱抵抗 $R = (100-50)/10 = 5$ 〔℃/W〕または〔K/W〕

このモジュールの熱抵抗を5 K/W以下にすることが、熱設計に課せられ

表面温度 100 ℃以下、使用温度 50 ℃以下、
発熱量 10 W 以下の立方体の発熱体を設計する

目標設定
① 目標熱抵抗を求める
$$R = \frac{Tc - Ta}{Q} = \frac{100 - 50}{10} = 5 \, [\text{K/W}]$$

論理設計
② 目標熱抵抗を実現するパラメータを決める
$$5 \, [\text{K/W}] = \frac{1}{S \cdot h} \quad \begin{array}{l} S:\text{表面積}\,[\text{m}^2] \\ h:\text{熱伝達率}\,[\text{W/(m}^2\text{K)}] \end{array}$$
熱伝達率（対流 + 放射）≒ 15 [W/(m²K)] とすれば
$S \geq 0.0133 \, [\text{m}^2]$ が成立条件

物理設計
③ パラメータを満たす寸法を決める
立方体なので一辺の長さ ≧ 47.14 [mm] 以上

仮説検証
④ シミュレーションで検証する
解析結果 89.6 ℃（λ=380 [W/(m K)]、ε=0.8）⇒ OK

図 2.1　熱設計の流れ

た目標になります。ここから対策を導くことができます。

(2) 対策がイメージできる

例えば、「熱抵抗 10 K/W にするには、50×50 mm で高さ 20 mm 程度のヒートシンクが必要」というように、慣れると熱抵抗から対策のイメージが浮かびます。

(3) 対策の組み合わせが検討できる

熱抵抗は電気抵抗と同じく直列則、並列則が成り立ちます。10 K/W のヒートシンクを 2 つ使うとおおむね 5 K/W になる、という具合に効果が概算できます。

(4) 放熱のボトルネックがわかる

例えば、熱抵抗が直列に連なった放熱ルートでは最大熱抵抗の箇所を、並列に構成された放熱ルートでは最小熱抵抗の箇所を対策すると効果的です。

(5) パラメータスタディできる

熱抵抗は計算式で求められるため、計算式に含まれるパラメータの感度を知ることができます。

本書ではすべての熱移動現象をその形態によらず「熱のオームの法則の式」を用いて計算します。そのために、各熱移動形態の熱抵抗を計算できるようにしておきましょう。

2.3　熱伝導──温度を均一化するには熱伝導を使う

　熱伝導は、固体や静止流体など、移動しない物体の内部を熱エネルギーが伝搬していく現象です。物質中の熱の伝わりやすさは物質ごとに異なり、物性値である「熱伝導率〔W/(m K)〕」で表されます。

　電子機器における熱伝導の役割は「温度の均一化」です。図 2.2 のように熱伝導率が小さい平板に発熱体を実装すると、熱は遠くまで届かないため、熱源近くの温度は高く、遠ざかると急激に温度が下がるような温度分布になります。つまり、高温部と低温部で大きな温度差が生まれます。平板の熱伝導率を上げると熱は周辺まで届くようになるため、周囲の温度は上がり、熱源の温度は下がります。

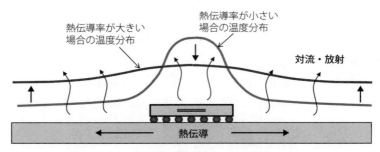

図 2.2　熱伝導は温度の均一化に役立つ

　このように、熱伝導の役割は「温度の均一化」にほかなりません。全体の温度がほぼ均一になってしまうと、いくら熱伝導率を上げてももはや温度を下げることはできません。ホットスポットの温度を下げたい場合に「温度が低い場所」（コールドスポット）を見つけることができればしめたものです。両者を熱伝導体でつなぐことによって温度は平均化され、ホットスポットは解消されます。しかし、冷たい場所がなかったら熱伝導による対策は困難になります。

　熱伝導を表す定常一次元（直交座標系）の式は、以下のようになります。

2.3 熱伝導——温度を均一化するには熱伝導を使う

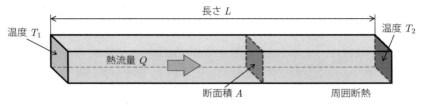

図 2.3 熱伝導のパラメータ

図 2.3 に示すような単純な角棒の周囲を断熱し、両端に T_1〔℃〕, T_2〔℃〕の温度を与えたとします（$T_1 > T_2$ とします）。このとき角棒を左から右に移動する熱流量 Q〔W〕は、断面積 A〔m²〕、熱伝導率 λ〔W/(m K)〕、熱が伝わる方向の長さ L〔m〕を用いて以下の式で表されます。

$$\text{熱流量}Q = \frac{\text{伝熱面積}A \times \text{熱伝導率}\lambda}{\text{長さ}L} \times (T_1 - T_2) \tag{式 2.3}$$

熱コンダクタンス G〔W/K〕は、

$$\text{熱コンダクタンス}G = \frac{\text{伝熱面積}A \times \text{熱伝導率}\lambda}{\text{長さ}L} \tag{式 2.4}$$

熱抵抗 R〔K/W〕は、

$$\text{熱抵抗}R = \frac{\text{長さ}L}{\text{伝熱面積}A \times \text{熱伝導率}\lambda} \tag{式 2.5}$$

となります。

これらの式から、熱流量 Q が一定で、熱源温度 T_1、冷却部温度 T_2 とすると、熱源の温度 T_1 を下げるには、伝熱面積を大きくする、熱源と冷却部の距離を近づける、素材の熱伝導率を上げる、の 3 つの手段しかないことがわかります。

2.4 対流——空気の流れを作って面の平均温度を下げる

　機器固体部の温度を均一化してもまだ平均温度が高いとしたら、さらに温度が低い場所を探さなければなりません。その場合、温度が低い場所は「周囲空気」になります。そこで、固体面と周囲空気とをつないで熱を逃がします。これが「対流」です。

　機器の表面では温度差によって空気が流動（自然対流）します。この流動を予測するには、流体の運動方程式を解かなければなりません。この支配方程式（ナビエ–ストークスの式と呼ばれます）を解くには、コンピュータが必要です。数値解析ができなかった時代には、ニュートンの冷却法則と呼ばれる経験的アプローチが用いられてきました。ここでは「熱伝達率〔$W/(m^2 K)$〕」という半理論・半実験的パラメータが使われます。熱伝達率が把握できれば、温度差と熱流量との関係を把握することができます。

　熱流体シミュレーションでは熱移動と流体の運動を連成して解きますが、熱設計では熱伝達率を用いた伝熱工学的アプローチを行います。それによって熱移動が定式化でき、設計パラメータを決められるからです。

　熱伝達率 h〔$W/(m^2 K)$〕を用いれば、壁面から流体への熱流量 Q〔W〕は、以下のように表されます。

熱流量 Q ＝ 表面積 S × 熱伝達率 h ×（壁温度 T_W − 流体温度 T_{amb}）　　（式 2.6）

熱コンダクタンス G ＝ 表面積 S × 熱伝達率 h 　　　　　　　　　　　　（式 2.7）

熱抵抗 $R = \dfrac{1}{\text{表面積}S \times \text{熱伝達率}h}$ 　　　　　　　　　　　　　　　　　　　（式 2.8）

　熱伝達率 h と熱流量 Q（発熱量）がわかれば、壁面温度 T_W を簡単に計算できそうですが、熱伝達率 h を求めるのが厄介です。熱伝達率は流体の挙動も含んだ熱の流れやすさなので、熱伝導率のような物性値（材料で値が決まるもの）ではありません。風速や発熱体の置き方によって変わる「状態値」です。空気の温度差で生じる浮力によって流れが発生する「自然対流」とファンで風を流す「強制対流」とでは、その値も大きく異なります。設計者は適切な熱伝達率計算式を探し出して、自分で計算しなければなりません。

　「流体を空気に特化した簡易式」として、以下のような式が提示されています。

2.4 対流——空気の流れを作って面の平均温度を下げる

空気の自然対流平均熱伝達率

$$熱伝達率 h_m = 2.51 \times 係数 K \times \left(\frac{壁面温度 T_W - 流体温度 T_{amb}}{代表長さ L}\right)^{0.25} \quad (式2.9)$$

係数 2.51 は空気の物性値（308 K）を用いて計算した値です。係数 K は物体の姿勢や形状で変化する値で、表 2.1 のように示されます。代表長さ L は壁面の流れ方向の長さ〔m〕で、係数 K と関連付けて定義されます。

表 2.1　熱伝達率の計算に用いる係数 K と代表長さ L
※提案者によって係数や代表長さの定義は異なる。

形状と設置条件		K	L
	鉛直平板または傾斜平板上面の平均熱伝達率	0.56	高さ
	水平に置いた平板（熱い面上）の平均熱伝達率	0.54	短辺
	水平に置いた平板（熱い面下）の平均熱伝達率	0.27	短辺
	鉛直に置いた円柱の平均熱伝達率	0.55	高さ

形状と設置条件		K	L
	鉛直に置いた平板の局所熱伝達率	0.45	下端からの距離
	傾斜平板の下面の平均熱伝達率　鉛直平板の $h \times (\cos\theta)^{0.25}$		
	水平に置いた円柱の平均熱伝達率	0.52	直径
	球の平均熱伝達率	0.63	半径

空気の強制対流平均熱伝達率（流れに平行な面、層流）

$$熱伝達率 h_m = 3.86 \times \left(\frac{風速 u}{流れの方向の面の長さ L}\right)^{0.5} \quad (式2.10)$$

係数 3.86 は空気の物性値（308 K）を用いて計算した値です。この式は比較的風速 u〔m/s〕が小さく、壁面での流れの乱れが少ない状態（層流）で利用できます。

空気の強制対流平均熱伝達率（流れに平行な面、乱流）

$$熱伝達率 h_m = 5.2 \times \left(\frac{風速 u}{(流れの方向の面の長さ L)^{0.25}}\right)^{0.8} \quad (式2.11)$$

係数 5.2 は空気の物性値（308 K）を用いて計算した値です。この式は比較

的風速 u 〔m/s〕が大きく、壁面での流れの乱れが大きい状態（乱流）で利用できます。

ここで示した式はほんの一部で、さまざまな条件の組み合わせで求めた理論式や実験式がたくさんあります。

2.5　熱放射——表面状態を変えるだけで温度を下げる

実機ではさらに電磁波による熱エネルギーの移動（熱放射または輻射）が起こります。これは物質を介して熱が伝わる熱伝導や対流とは全く異なる現象です。放射、反射、吸収、透過といった光学的な現象の扱いが必要になります。

熱放射は温度依存性が強く、高温になると熱放射が支配的な熱移動になります。比較的低温の電子機器では熱放射の割合は低く、筐体表面からは自然対流で 70〜80％、熱放射で 20〜30％程度の割合で放熱しています。

放射伝熱量を増やすには、高温熱源表面の放射率と、熱放射を受ける低温受熱面側の放射率（吸収率）を高めることが重要です。放射が劇的に効くのは物体が高温のときですが、あと数℃表面温度を下げたいなど、土壇場では最後の一押しになる場合もあります。

すべての物体が絶対温度〔K〕の 4 乗に比例する熱放射を行っており、熱放射量は以下の式で表されます。

熱放射量 $Q_r = \sigma \times$ 表面積 $S \times$ 放射率 $\varepsilon \times$ 表面温度 T_w^4　　　（式 2.12）

σ はステファン‐ボルツマン定数と呼ばれる物理定数で、5.67×10^{-8} W/(m^{2}K^4) という値をとります。放射率（無次元）は物質や表面状態によって異なる状態量で 0〜1 の値をとります。熱放射の計算に使用する温度はすべて絶対温度〔K〕です。

この式から、単一物体からの熱放射の大きさは、表面積 S〔m^2〕と放射率 ε（無次元）に比例することがわかります。しかし、電子機器で知りたいのは「部品 A から部品 B に熱放射でどの程度熱が移動するか」なので、複数の面間の熱移動です（図 2.4）。

2.5 熱放射——表面状態を変えるだけで温度を下げる

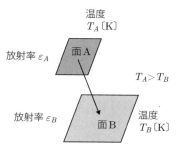

図 2.4　2 面間の熱放射

A 面から B 面に熱放射で移動する熱流量はそれぞれの物体が放射するエネルギーの差分で表されるので、表面の絶対温度の 4 乗の差に比例します（式 2.13）。そのため、放射の基礎式は熱流量が温度差に比例するというオームの式には載りません。

また、A 面から放射された熱エネルギーはすべて B 面に到達するわけではないので、B 面に到達する比率（形態係数：無次元）や A、B 面間で多重反射が起こることを想定した放射係数（無次元）などの算定が必要になります。これらは複雑な幾何計算やレイトレーシングを伴うため、手計算ではほとんど処理できません。

熱流量 $Q_r = \sigma \times$ 表面積 $S \times$ 形態係数 $F \times$ 放射係数 $f \times$
　　　　（表面温度 $T_A^4 -$ 表面温度 T_B^4）　　　　　（式 2.13）

しかし電子機器に特化して考えると、筐体表面（温度 T_A）からの熱放射は機器が設置されている部屋の壁（環境温度 T_B）に到達します。機器は壁に取り囲まれているので、形態係数は 1、機器に比べて部屋が大きいと、部屋からの反射による戻りが少なくなるため、部屋の吸収率は近似的に 1 と考えられます。また「絶対温度の 4 乗の差に比例する」部分を因数分解してしまうと、以下のような式に変形できます。

熱流量 Q_r
　　= 表面積 $S \times \{\sigma \times$ 放射係数 $f \times$ (表面温度 $T_A^2 +$ 環境温度 T_B^2) $\times$
　　　（表面温度 $T_A +$ 環境温度 T_B)$\} \times$ (表面温度 $T_A -$ 環境温度 T_B)
　　　　　　　　　　　　　　　　　　　　　　　　　　　　（式 2.14）

電子機器筐体では、形態係数 = 1、放射係数 = 筐体表面の放射率、とします。

ただし、機器内部に実装された部品は筐体内側壁面からの反射の影響を受けるので、実装部品と筐体との間の熱移動を考える場合には、

放射係数 f = 部品表面の放射率 ε_1 × 筐体裏面の放射率 ε_2

と近似します。

（式2.14）の { } 内を放射の熱伝達率と呼べば、以下のように対流と同じ式の形に変形することができます。

熱流量 Q_r = 表面積 S × 放射の熱伝達率 h_r × (表面温度 T_A − 環境温度 T_B)
（式2.15）

熱コンダクタンス G = 表面積 S × 放射の熱伝達率 h_r　（式2.16）

熱抵抗 $R = \dfrac{1}{表面積 S × 放射の熱伝達率 h_r}$　（式2.17）

2.6　物質による熱輸送——最も頼りになる「空気のベルトコンベア」

熱伝導、対流、熱放射が熱移動の基本ですが、機器の冷却ではこれよりも「物質移動による熱輸送」が重要な役割を果たします。簡単に言えば、「流体に熱を載せて流体ごと運び出すメカニズム」であり、空冷であれば「換気」です。

空気に限らず、動くものは熱を運びます。例えば、図2.5のような回転ローラの上側をヒータで加熱し、下側にあるワークを加熱するメカニズムを考えてみましょう。もしローラが回転しなければ、熱はローラの熱伝導で輸送されるしかありません。ローラの熱伝導率が小さければ、ワークはほとんど加熱されないでしょう。しかしローラを回転させれば、ローラの熱伝導率が小さくても大量に熱が輸送され、ワークは高温に熱せられます。

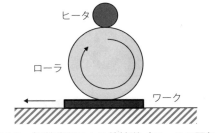

図 2.5　物質移動による熱輸送（ローラの回転）

これらの「移動する物体が運ぶ熱流量」は以下の式で表されます。

　　熱流量 Q ＝物体の移動量 M ×物体の比熱 C_p ×物体の温度上昇 ΔT
　　　　　　　　　　　　　　　　　　　　　　　　　　　　　　　（式 2.18）

　　移動量 M〔kg/s〕、比熱 C_p〔J/(kg K)〕

この式を最もよく使うのが機器の「換気」の計算です。式を空気にあてはめると、空気は体積流量 V〔m³/s〕（風量）を使うので、

　　物体の移動量 ＝ 風量 V ×空気の密度 ρ

とおくと、以下の式が得られます

　　熱流量 Q ＝空気の密度 ρ ×空気の比熱 C_p ×風量 V ×空気の温度上昇 ΔT
　　　　　　　　　　　　　　　　　　　　　　　　　　　　　　　（式 2.19）

　　熱コンダクタンス G ＝空気の密度 ρ ×空気の比熱 C_p ×風量 V
　　　　　　　　　　　　　　　　　　　　　　　　　　　　　　　（式 2.20）

　　熱抵抗 $R = \dfrac{1}{\text{空気の密度}\rho \times \text{空気の比熱}C_p \times \text{風量}V}$　　（式 2.21）

簡易計算を行う場合、310 K 程度の空気の物性値を用いて、空気の密度 $\rho = 1.14$〔kg/m³〕、空気の比熱 $C_p = 1\,008$〔J/(kg K)〕から、$\rho \times C_p \fallingdotseq 1\,150$ とおきます。

第3章
電子機器に必要な伝熱の応用知識

　電子機器の熱設計を進める上では、これまでに述べた基礎的な伝熱知識に加え、いくつかの応用知識が必要になります。実際の電子機器は構造が複雑であり、第2章で述べたようなシンプルな式が適用できないケースが多々あるためです。

3.1　等価熱伝導率

　電子機器は導体（主に金属）と絶縁体（主に樹脂、一部無機材料）から構成されます。金属は自由電子が熱の移動に関与するため、自由電子が動きやすいもの（電気伝導度が大きいもの）ほど熱伝導率が大きいという特徴があります。このため熱は導体伝いに逃げていくという現象が起こります。

　例えば、樹脂のプリント基板を見ると、電気を伝える銅配線と電気を伝えてはいけないエポキシ絶縁材から構成されます。熱伝導率が千倍異なる（銅は $385\,\mathrm{W/(mK)}$、エポキシ樹脂は $0.3\,\mathrm{W/(mK)}$）材料が微細な構造を作っています。このような複合、材料は、銅とエポキシの中間的な振る舞いをします。

　熱計算やシミュレーションを行うときに、この構造のままでは形状が細かすぎて計算に時間がかかるため、「等価な熱伝導率を持つ材料」として扱います。これを「等価熱伝導率」と呼びます。等価熱伝導率は一般に異方性を持ちます。銅線は電気を伝えたい方向と伝えたくない方向があります。電気伝導度と熱伝導率が比例関係にあるため、電気を伝えたい方向には熱も伝わりやすく、電気を伝えたくない方向には熱も伝わらないためです（図3.1）。

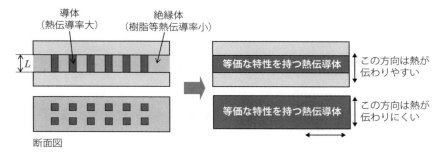

図 3.1　異方性等価熱伝導率 (1)

　導体がつながっている方向の等価熱伝導率は、材料の熱伝導率を体積比率で重み付けすることで計算できます。

　　電気が伝わる方向の等価熱伝導率
　　　　＝Σ(各層の熱伝導率×各層の厚み) / 全体の厚み　　　　（式 3.1）

　一方、電気を伝えてはいけない方向は、銅がつながっていないために、等価熱伝導率は極端に小さくなります。

　　電気が伝わらない方向の等価熱伝導率
　　　　＝全体の厚み / Σ(各層の厚み / 各層の熱伝導率)　　　　（式 3.2）

　例えば、図 3.2 のように、厚さ 10 mm、熱伝導率 0.3 W/(m K) のエポキシ板の中央に、厚さ 1 mm、熱伝導率 385 W/(m K) の銅を挟んだ構造で試算してみます。

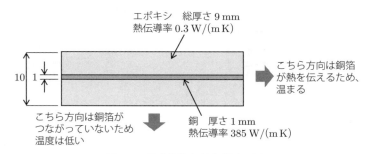

図 3.2　異方性等価熱伝導率 (2)

面方向（銅層がつながる方向）の等価熱伝導率は、厚みの比率で等価熱伝導率を重み付けして求められますので、

$$面方向等価熱伝導率 = (0.3 \times 9 + 385 \times 1)/10 = 38.77 \,[\mathrm{W/(m\,K)}]$$

となります。

一方、厚み方向の等価熱伝導率は、熱伝導率の小さい層が支配的になるため、

$$厚み方向等価熱伝導率 = 10/(9/0.3 + 1/385) = 0.33 \,[\mathrm{W/(m\,K)}]$$

と極端に小さくなります。

プリント基板や配線ケーブルなど、多くの電子・電気部品は異方性等価熱伝導率を用いることで、形状をシンプルにできます。ただし、等価熱伝導率モデルでは平均温度は正しく計算できますが、温度分布は正しくは計算できません。図 3.2 右端では銅部分の温度は高く、エポキシ温度は低くなりますが、等価熱伝導率を用いると銅の位置は特定できず、温度は平均化された値になります。

3.2　広がり熱抵抗

2.3 節の（式 2.3）で示した式は、「伝熱面積」が一定の場合に適用できます。

もし、図 3.3 のように伝熱面が徐々に変化するのであれば、伝熱面をいくつかに分割し、それぞれの範囲は等断面と考えて熱抵抗の総和をとれば近似計算可能です。

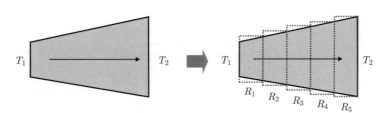

※いくつかの等断面の重なりとして近似計算できる。

図 3.3　断面が連続的に変化する場合の熱伝導

しかし、図 3.4 のように、半導体チップのような小さな熱源を大きな基板に実装し、下面を冷却するような場合には、伝熱面が急拡大します。

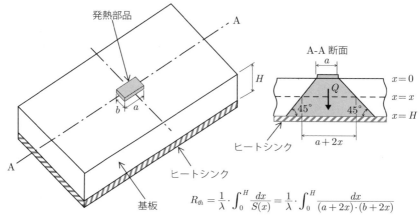

図 3.4　広がり熱抵抗

伝熱面積を熱源の底面積と考えて熱抵抗を、

　　熱抵抗 1 = 基板板厚 / (熱源底面積 × 基板熱伝導率)

とすると、熱抵抗を大きく計算してしまいます。熱源の底面積部分の断面より外側にも熱流が発生するためです。

一方、

　　熱抵抗 2 = 基板板厚 / (基板面積 × 基板熱伝導率)

とすると、今度は熱抵抗を小さく計算してしまいます。熱源から基板に伝わった熱が、瞬間的に基板の端まで伝わらないため、基板の面方向には温度差ができるためです。

このようなときに適用できるのが「広がり熱抵抗」で、以下の式で表されます。

$$広がり熱抵抗 R（熱源長方形）= \frac{1}{2\lambda(a-b)} \cdot \ln\frac{a(2H+b)}{b(2H+a)} \quad （式 3.3）$$

$$広がり熱抵抗 R（熱源正方形）= \frac{1}{\lambda} \cdot \frac{H}{a(2H+a)} \quad （式 3.4）$$

　　λ：熱伝導率〔W/(m K)〕、a, b：熱源の寸法〔m〕、H：基板の厚み〔m〕

熱源から基板に伝わった熱は厚み方向に伝わると同時に面方向にも伝わるため、熱が 45°に拡散していく（45°の四角錐台の中を伝わっていく）と考えると、実際に即した値を得ることができます。これは経験的な式で、実際に 45°で熱が広がっていくわけではありません。また、基板底面が均一な温度に保たれている場合にのみ適用できます。

例えば、図 3.5 のように、厚さ 10 mm、熱伝導率 20 W/(m K) の板に □10 mm の熱源を搭載し、底面を 50 ℃に保った場合、チップの底面積を伝熱面積として熱抵抗を計算すると、

$$R_1 = 0.01/(0.01^2 \times 20) = 5 \ [\mathrm{K/W}]$$

となります。広がりを考慮して熱抵抗を計算すると、

$$R_2 = \frac{1}{20} \times \frac{0.01}{0.01 \times (2 \times 0.01 + 0.01)} = 1.667 \ [\mathrm{K/W}]$$

となります。これにより、熱抵抗は広がりによって大きく低下することがわか

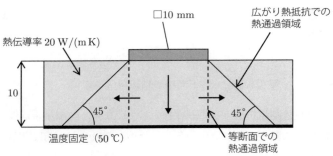

(a) 熱源 1 つを実装した場合
　　熱は面方向に拡散できるため広い範囲を熱が伝わる

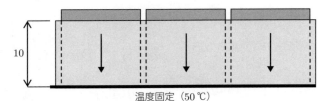

(b) 熱源を高密度実装した場合
　　熱は面方向に拡散できないため、熱源の底面積範囲を熱が伝わる

図 3.5　広がり熱抵抗

ります。

　熱源を密集して横に並べると、面方向には広がることができなくなるため、チップの底面積を伝熱面積として計算した熱抵抗 R_1 になり、温度が上昇することになります（図 3.5（b））。

3.3　接触熱抵抗

　熱計算やシミュレーションを行うときに最も扱いが難しいのが、「接触熱抵抗」です。理論的な定式化が難しいため、実験や経験によって値を決めなければなりません。しかし、接触部分が放熱の要であることも多く、この値が違うと大きな温度予測誤差を生じることになります。

　固体どうしの接触面を微視的に見ると非常に複雑です。表面の凹凸のごく一部分のみが接触しており、これを「真実接触点」と呼びます。真実接触点は見かけの接触面積に対して非常に小さく、多くの部分は隙間を介して熱が移動することになります。このため接触面を熱が通過する際には温度差を生じます（図 3.6（a））。

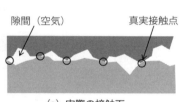
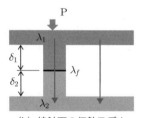

(a) 実際の接触面　　　　　　(b) 接触面の伝熱モデル

図 3.6　接触熱抵抗のモデル

　接触面で生じる熱抵抗は、素材や面の仕上げ、接触圧力などで大きく変わります。接触面での伝熱のメカニズムは非常に複雑ですが、図 3.6（b）のように、接触面を真実接触点とそれ以外の部分に分けて実験式を立てることで、ある程度の範囲で予測ができるようになります。

　代表的な実験式に、以下の式があります（橘の式：式 3.5）。

$$K = \frac{1.7 \times 10^5}{\dfrac{\delta_1 + \delta_0}{\lambda_1} + \dfrac{\delta_2 + \delta_0}{\lambda_2}} \cdot \frac{0.6P}{H} + \frac{10^6 \lambda_f}{\delta_1 + \delta_2} \qquad \text{(式 3.5)}$$

K：接触熱コンダクタンス〔W/(m²K)〕、δ_1, δ_2：面粗さ〔μm〕、δ_0：接触相当長さ（= 23〔μm〕）、λ_1, λ_2：各固体の熱伝導率〔W/(mK)〕、λ_f：流体の熱伝導率〔W/(mK)〕、P：接触圧力〔MPa〕、H：軟らかい方のビッカース硬度〔Hv〕

橘の式は、比較的面仕上げのよい金属どうしの接触を元に立てられた式なので、面の反りやうねりが大きい場合や非金属素材の場合などには適用できません。

電子機器では接触熱抵抗を低減するためにさまざまな TIM（Thermal Interface Material）が使われます。電子機器でよく使われる TIM の一覧を表 3.1 に示します。

表 3.1 さまざまな TIM

Thermal Interface Materials	接触熱抵抗〔K·cm²/W〕	記事	イメージ
サーマルグリース	0.2〜1	最も歴史のある TIM 均一に塗布するには治具が必要 ポンプアウト / オイルブリード等に注意が必要	
熱伝導シート	1〜3	絶縁性がある。取扱い容易 高硬度と低硬度品がある 高硬度品は数 100 kPa の圧力が必要	
高熱伝導接着剤	0.15〜1	強度信頼性に優れる リワークは困難	
サーマルテープ	1〜4	熱伝導性の両面接着テープ ヒートシンク接着などに使われる	
PCM（相変化材料）	0.3〜0.7	融点 50〜80℃のワックス あらかめデバイスやヒートシンクに塗布できる。シート状のものもある	
ギャップフィラー	0.4〜0.8	グリースに似ているがキュア（硬化）できる	

※写真は信越化学製品カタログより引用

最も古くから使われていて、性能も良好なのがサーマルグリースです。バインダーと呼ばれるオイルにセラミック粒子などの熱伝導率のよい材料を混ぜて液状やペースト状にしたものです。液状のため、接触面の隙間に充填され、接触熱抵抗を大幅に低減できます。

一方、熱伝導性のよい樹脂で作られたシート（熱伝導シートや伝熱シートと呼ばれる）もよく使用されます。こちらは電気的な絶縁が可能ですが、サーマルグリースに比べると、熱抵抗は大きめになります。

シートの面積〔m^2〕、厚み〔m〕、熱伝導率〔W/(m K)〕がわかると、シートの熱抵抗〔K/W〕は、

シートの熱抵抗 = シートの厚み /(シートの伝熱面積×シートの熱伝導率)

で計算できますが、これは接触熱抵抗と同じにはなりません。シートの表面（界面）でも接触熱抵抗が発生するためです（図3.7）。シート界面の接触熱抵抗はシートの硬さや接触圧力の影響が大きく、シートの熱伝導率は大きな影響を与えません。

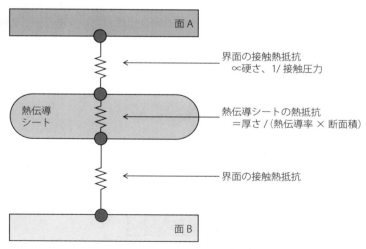

図 3.7　熱伝導シートの接触熱抵抗の構成

このため、熱伝導率のよいシートは、フィラーなどの影響で硬度が上がり、接触圧力が低い領域では接触熱抵抗が大きくなる場合があります。接触圧力が低い領域（300 kPa 以下）では硬度の低いものを使用した方がよいでしょう。サーマルグリースもフィラーの高充填化に伴い粘度が増大して膜厚が厚くなり、接触熱抵抗が大きくなる場合もあります。

計算やシミュレーションで接触熱抵抗を扱う場合、面仕上げのよい金属どうしで界面にグリースやシートを入れず、接触圧力が高い場合には橘の式で推定可能です。グリースやシートは厚みや接触圧力で熱抵抗が異なるので、実測を行うか、メーカのデータを参考にして値を設定してください。

3.4　フィン効率

実際の電子機器では、熱伝導、対流、放射は同時に起こります。

基板やヒートシンクでは熱源で発生した熱は、固体内を熱伝導で伝わりながら、表面からは対流・放射で逃げます。もちろん、熱回路網法や熱流体解析ソフトを使用すればこの現象は解けますが、ここで紹介する「フィン効率」を使うと手軽に計算できます。特にヒートシンクの性能計算を行う場合、この概念を導入すると放熱フィンの根元と先端の温度差によって生じる冷却効率の低下を予測することができます。

放熱フィンは、図 3.8 のように根元で発生した熱を先端まで熱伝導で輸送

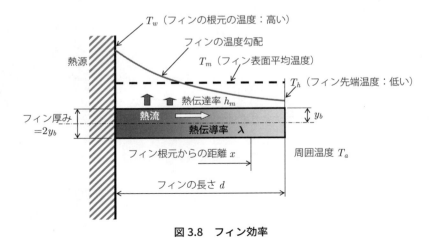

図 3.8　フィン効率

し、表面積を大きくとることによって放熱量を増やします。

このとき、熱伝導で運ばれつつ、途中から放熱するため、フィン先端はフィンの根元よりも必ず温度が下がります。フィン先端が根元よりも冷えてしまうと、空気との間の温度差が小さくなり伝熱量が減ってしまいます。フィンの根元と先端の温度が同じときの放熱量に対する、実際の（フィン先端温度が下がったときの）放熱量の比率を「フィン効率」と呼びます。

フィン効率は以下の式で定義されます。

$$\eta = \frac{フィンによる実際の放熱量}{フィン全表面が根元温度に等しいとしたときの放熱量}$$

$$= \frac{フィン表面の平均温度 - 空気温度}{フィン根元の温度 - 空気温度} \quad (式 3.6)$$

フィン効率 η は以下の式で求められます。

$$\eta = \frac{\tanh(md)}{md} \quad (式 3.7)$$

$$m = \sqrt{\frac{h_m}{\lambda \times y_b}}$$

λ：フィン材料の熱伝導率〔W/(m K)〕、y_b：フィンの厚さの 1/2 〔m〕、d：フィンの長さ〔m〕、h_m：フィン表面の平均熱伝達率〔W/(m^{2}K)〕

この概念を導入すると、図3.9のように、放熱プレート上の熱源をどの位置に置いたら最も温度が下がるかを知ることができます。

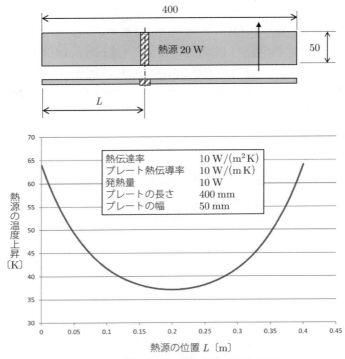

※熱源を端に置くとフィン効率が悪化するため温度が高くなる。
図 3.9 熱源の実装位置と温度の試算

3.5 熱容量と熱時定数

　ここまでの説明は、時間による温度変動がない「定常状態」に限定してきました。しかし、実際の電子機器では、時間による温度変動を気にすることが少なくありません。パワーデバイスに数秒間だけ大電流を流したときに、許容温度を超えないか？ 携帯機器をハードな使い方をしたときに、どれくらいの時間で温度アラームに至るか？ などです。

　定常熱計算では、熱抵抗さえわかれば温度を求めることができます。しかし、過渡熱計算（非定常熱計算）を行うには「熱容量 C」を知る必要があります。過渡熱では「蓄熱」が起こるため、各部に溜め込む熱量を計算しなければならないからです。熱容量は寸法と材料で決まってしまうため、熱抵抗ほど計算は難しくありません。

3.5 熱容量と熱時定数

$$熱容量 C〔\mathrm{J/K}〕= 重量 M \times 比熱 C_p = 体積 V \times 密度 \rho \times 比熱 C_p \quad (式3.8)$$

M：重量〔kg〕、V：体積〔m^3〕、ρ：密度〔$\mathrm{kg/m^3}$〕
C_p：比熱〔$\mathrm{J/(kg\,K)}$〕

多種の材料からなる複合材料では、材料ごとに熱容量を計算して合算します。

定常温度上昇は、(式2.2) より、

$$温度上昇 \Delta T = 熱抵抗 R \times 熱流量 Q$$

でしたが、単純な系での非定常温度上昇は、

$$温度上昇 \Delta T = 熱抵抗 R \times 熱流量 Q \times \left(1 - e^{-\frac{t}{熱抵抗 R \times 熱容量 C}}\right) \quad (式3.9)$$

となります。

「熱抵抗 R × 熱容量 C」は「時定数 τ」と呼ばれ、定常状態の 63.2% の温度上昇まで達する時間を表します（図3.10）。LED 照明機器のように電源を入れた後、発熱量が変動しないものは定常温度だけ考えればよいでしょう。

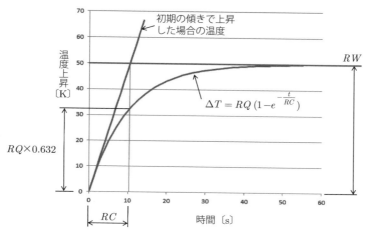

※時定数は定常温度上昇の63.2%の温度上昇に達するまでの時間

図 3.10　時定数と温度上昇時間

しかし、パワーデバイスのように、頻繁に電流が変動するものでは、発熱量変動に伴う温度変化を抑える工夫が必要です。時定数を大きくすることで温度変化は遅くなります。そのためには熱容量を大きくします。熱抵抗を大きくしても時定数は増大しますが、それだと定常時の温度が上がってしまうため、熱容量で調整します。熱容量を増やすには重量を増やす、比熱の大きい材料を使う、などの方法が考えられます。

第2部

Excelを使って温度を計算しよう

第4章　温度を予測するための3つのアプローチ
第5章　Excelを活用した伝熱計算の方法
第6章　Excelを使った応用計算例
第7章　Excelを使った流れの計算

第4章

温度を予測するための3つのアプローチ

　今やCAE（Computer Aided Engineering）は設計に不可欠なツールとして定着しています。しかし、シミュレーションが使えなかった時代にも熱設計は行われてきました。その時代には第2章、第3章で説明した伝熱基礎式をベースとした「電子機器用の熱計算式」や「実験を元に描かれた図表」を組み合わせて温度を予測してきました。伝熱の基礎式は、基礎方程式を単純な境界条件で解いて求めます。

　例えば、熱伝導の基礎方程式（熱伝導方程式）は熱拡散率が等方性であれば、以下の式で表されます。

$$\frac{\partial T}{\partial t} = \alpha \left(\frac{\partial^2 T}{\partial x^2} + \frac{\partial^2 T}{\partial y^2} + \frac{\partial^2 T}{\partial z^2} \right) \tag{式 4.1}$$

　　T：温度、t：時間
　　α：熱拡散率 $= \lambda/(\rho \cdot C_p)$（$\lambda$：熱伝導率、$\rho$：密度、$C_p$：比熱）
　　x, y, z：空間座標

　これは偏微分方程式なので、解析解を求められません。今なら数値計算で数値解（近似解）を求められますが、コンピュータがなかった時代には解けませんでした。そこで、式を一元化して境界条件を与えることで、解析解を求めます。一次元の定常熱伝導方程式は、以下の単純な式になります。

$$\frac{\partial^2 T}{\partial x^2} = 0 \tag{式 4.2}$$

　2回積分すれば、a, bを積分定数として、

$$\frac{\partial T}{\partial x} = a, \quad T = ax + b \tag{式 4.3}$$

境界条件を使って積分定数を決定すると、一次元定常熱伝導の式が得られます。

$$q = -\lambda \frac{dT}{dx}, \quad T = -\frac{q}{\lambda}x + T_0 \tag{式 4.4}$$

（式 2.3）はこうして求められた解です。第 2 章ではこうした「伝熱の基礎式」の代表的なものを紹介しました。

解析解は元の方程式の厳密解なので、近似解である数値解の精度検証に用いることができます。また、数値解では各種パラメータの影響を評価するのに、数値計算を繰り返さなければなりませんが、解析解には式の形でパラメータが含まれるため、その効果を見通しよく評価することができます。式を理解することで設計変数が結果に及ぼす影響を理解できるのです。

しかし、解を求めるためには境界条件が単純でなければなりません。そのため、伝熱の基礎式は比較的単純な条件下での単一現象を表す式に限定されます。そこで、これらを組み合わせることで実用的計算に応用する試みがなされてきました。

4.1　伝熱の基礎式を合成して「電子機器用熱計算式」を導く

図 4.1 は筐体内部空気の温度上昇を求める式の計算原理を表したものです。

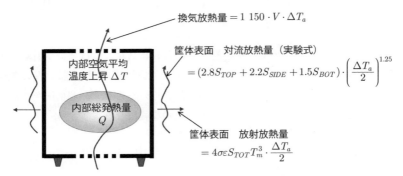

図 4.1　筐体の温度上昇計算式の導出

4.1 伝熱の基礎式を合成して「電子機器用熱計算式」を導く

筐体内部で発生した熱はすべて外気に逃げるので、定常状態では、「内部発熱量 = 放熱量」が成り立ちます。放熱量は、表面からの対流、放射と通風口からの換気が主なので、それぞれの放熱量を合計することで式が立てられます。

以下は代表的な式です。

$$Q = (2.8 S_{TOP} + 2.2 S_{SIDE} + 1.5 S_{BOT}) \cdot \left(\frac{\Delta T_a}{2}\right)^{1.25} + 4\sigma\varepsilon S_{TOT} T_m^3 \cdot \frac{\Delta T_a}{2}$$
$$+ 1150 \cdot V \cdot \Delta T_a \qquad\qquad (式4.5)$$

S:筐体各面の表面積〔m^2〕(添字は、TOP:上面、$SIDE$:垂直面、BOT:底面、TOT:全面)、ΔT_a:内部空気温度上昇〔K〕、σ:ステファン-ボルツマン定数($= 5.67 \times 10^{-8}$)〔$W/(m^2 K^4)$〕、ε:部品表面の放射率、T_m:平均絶対温度($= 273.15 +$ 周囲温度 $+ \Delta T/4$)〔K〕、V:換気風量〔m^3/s〕

この式は電卓のない頃から使われており、「計算の単純化」が重視されています。

例えば、1項目は対流放熱量を表しますが、熱伝達率計算に必要な「代表長さ」が省略されています(係数に含まれている)。第2項目は(式2.3)を変形・簡略化した式で、誤差を含みます。第1項目、第2項目で温度を $\Delta T_a/2$ としているのは、表面温度上昇 ΔT_s は内部空気温度上昇 ΔT_a の 1/2 という仮定に基づいています。このようにして求められた式ですが、極端な小型筐体を除き、実測に近い値を得ることができます。

しかし、電卓を使ってもこの式の計算は大変です。ΔT_a を仮定して放熱量合計値(右辺)を求め、そこから放熱量 = 発熱量となる温度を推定する反復計算が必要になります。

そこで、あらかじめ計算した結果をグラフ化して使う方法が一般的でした。例えば、図4.2は機器の表面積と許容温度上昇から放熱能力を見積もるグラフです。装置のおおよその大きさから放熱能力(許容消費電力)を判断する上で便利です。

コンピュータが普及した現在、Excelなどの表計算ソフトを用いれば計算容易性と厳密性を両立させることが可能になりました。

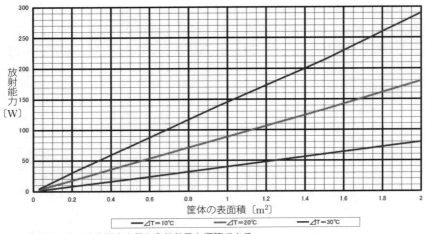

※筐体の表面積と許容温度上昇から放熱量を概算できる。

図 4.2　熱設計用早見表の例

4.2　熱回路網法で解く

　伝熱の基礎式を組み合わせて熱エネルギー保存を解くことで、機器の温度を予測することが可能になります。しかし、伝熱基礎式を1つにまとめた方程式では計算できる未知数が1つなので、「どこの場所」とは特定できない、筐体の平均温度が算出されます。筐体温度といっても実際には上面と底面で異なりますし、基板に実装された部品の温度はひとつひとつ異なります。熱対策を具体化する段階になると、より詳細な情報が必要になります。また、最近は消費電力の変動に伴う温度の時間変化を知ることも重要になりました。熱回路網法を使うと、既存の伝熱基礎式を組み合わせるだけで空間的、時間的な分布を知ることができるため、手軽な熱解析手法として普及してきました。

　熱回路網法はその名のとおり、電気回路と熱の相似性に基づき電気回路手法を使って熱の問題を解きます。2.1 節で説明したように、電気や流体と熱は表 4.1 のような相似性を持ちます。

表 4.1　熱・電気・流体の相似性

ポテンシャル P	流量 Q	抵抗 R
温度〔℃〕	熱流量〔W〕	熱抵抗〔℃/W〕
電圧〔V〕	電流〔A〕	電気抵抗〔Ω〕
圧力〔Pa〕	流量〔m³/s〕	流体抵抗〔Pa·s²/m⁶〕

　熱回路網法では 1 つの方程式にまとめることはせず、複数のまま連立方程式を解きます。

　図 4.3 に示すように、節点 N_i に j 個の節点を接続した熱等価回路では「キルヒホッフの法則」が成り立ちます。この法則は熱エネルギーの保存を表すもので、以下の式で表されます。

$$\sum_{\substack{j=1 \\ j \neq i}}^{n} \frac{1}{R_{ij}}(T_i - T_j) = Q_i \qquad \text{(式 4.6)}$$

T_i, T_j：接続される節点の温度、R_{ij}：N_i と N_j を結合する熱抵抗、Q_i：節点 N_i の発熱量

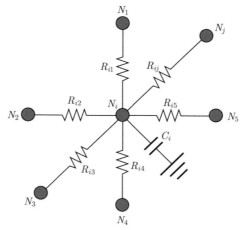

図 4.3　熱回路網

この方程式は、節点方程式と呼ばれ、節点の数分存在します。つまり、未知数の数と式の数が同じになるので、すべての未知数（節点温度）を求めることができます。

熱回路網法では非定常（時間変化を伴う）問題も解くことができます。非定常では、以下の式のように $\Delta\tau$ 時間の間の蓄熱量が加わります

$$\sum_{\substack{j=1 \\ j \neq i}}^{n} \frac{1}{R_{ij}}(T_i - T_j) = Q_i - \frac{C_i}{\Delta\tau}(T_i - T_i') \qquad (式4.7)$$

T_i：現在の温度、T_i'：1ステップ前の時間の温度、$\Delta\tau$：計算時間のステップ幅、C_i：節点 i の熱容量

前述のとおり、熱回路網法で使う「熱抵抗」は基礎式を解いて得られた厳密解です。これらを組み合わせて使うため、数値計算による誤差は発生しません。

具体的に節点方程式を立ててみましょう。

図4.4のような5つの節点からなる熱回路網で、各節点の温度を求めたいとします。各節点間を接続する6つの熱抵抗値は既知で、節点5の温度 T_5 は固定されているとします。熱源は節点1に与えられ、発熱量は Q〔W〕とします。

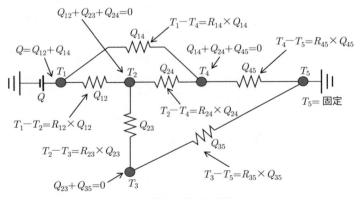

図4.4 節点方程式の導出

各熱抵抗 R_{ij} を流れる熱流量 Q_{ij}〔W〕は熱のオームの法則（式2.1）から、

$$Q_{ij} = \frac{1}{R_{ij}}(T_i - T_j) \tag{式4.8}$$

と表されます。

キルヒホッフの定理を適用すると、1つの節点に流入・流出する熱流量の総和は一定になるため、ある節点に着目すると、

$$\Sigma Q_{ij} = \text{その節点での発熱量} \tag{式4.9}$$

となります。

この式にオームの式を代入して Q_{ij} を消去すると4つの節点方程式が導かれます。

$$\frac{T_1 - T_2}{R_{12}} + \frac{T_1 - T_4}{R_{14}} = Q$$

$$\frac{T_2 - T_1}{R_{12}} + \frac{T_2 - T_4}{R_{24}} + \frac{T_2 - T_3}{R_{23}} = 0$$

$$\frac{T_3 - T_2}{R_{23}} + \frac{T_3 - T_5}{R_{35}} = 0$$

$$\frac{T_4 - T_1}{R_{14}} + \frac{T_4 - T_2}{R_{24}} + \frac{T_4 - T_5}{R_{45}} = 0$$

$$T_5 = 0$$

T_5 は温度固定なので、すべての熱抵抗 R がわかれば、未知数は $T_1 \sim T_4$ の4個となり、4元連立方程式を解くことで各節点の温度を求められます。

熱回路網法は言わば「熱の論理回路」であり、節点は座標を持ちません。例えば、平板状の発熱体の温度を予測する場合、図4.5のように1節点でも多節点でも計算できます。節点温度は領域内の平均温度を表すため、分割が粗いと温度は平均化されます。平均値としては正しい値になりますが、最高温度、最低温度は検出できません。

図4.6は、理論解のあるフィンの温度分布について、分割を変えた熱回路網法の結果と理論解との比較を行ったものです。フィンを5分割すると2%、2分割でも10%程度の誤差に保たれています。

発熱体1分割

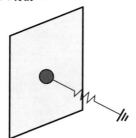

- 平板1節点で分割
- 板全体の平均温度が計算される
- 平板の熱伝導率は考慮できない
- 熱伝達率は平均熱伝達率を用いる
- 発熱体の温度が比較的均一な場合に適用できる

発熱体複数分割

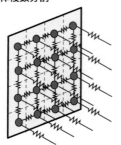

- 平板を複数領域に分割し、節点間を熱伝導抵抗で結合する
- 板の温度分布が計算される
- 熱伝達率は局所熱伝達率を用いる
- 平板内に大きな温度差が出る場合に適用する

図 4.5 さまざまな熱回路モデル

解析対象

フィン熱伝導率 $\lambda = 5 \ [\mathrm{W/(m\,K)}]$
$L = 50 \ [\mathrm{mm}]$
$T_w = 10 \ [\mathrm{℃}]$
厚さ $b = 10 \ [\mathrm{mm}]$
熱伝達率 $h = 20 \ [\mathrm{W/(m^2\,K)}]$
$T_0 = 0 \ [\mathrm{℃}]$

理論解

$$\frac{T_x - T_0}{T_w - T_0} = \frac{\cosh(m(L-x))}{\cosh(mL)}$$

$$m = \sqrt{\frac{2h}{\lambda b}}$$

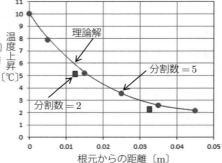

図 4.6 熱回路網法の分割数と誤差

プリント基板のように面内に大きな温度差が出る場合には、複数領域への分割が必要になりますが、小型部品など、表面温度が均一な場合は1節点モデルでも大きな誤差は発生しません。

図4.7は筐体の論理モデルと物理モデルの例です。

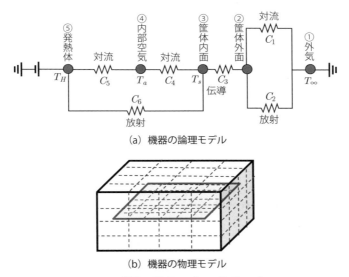

図4.7　機器の論理モデルと物理モデル

（a）の論理モデルでは、筐体各部を1節点で表現し、放熱経路の熱抵抗を概算します。冷却方式や構造を決めるなどの概念設計やパラメータスタディに向いたモデルです。

一方、（b）の物理モデルは、設計寸法をベースに各部を細分割して計算を行うモデルで、有限要素法や有限体積法に近いモデルです。熱流体解析ソフトと異なり、流体の運動方程式は解かないので、流体部の平均流速、平均温度は求められるものの、流速分布や流体温度分布は求められません。

4.3 数値解析ソフトを使う

熱回路網法を使う場合には熱抵抗を自力で求めなければなりません。熱抵抗の値に間違いがあれば、答えも違ってしまいます。コンピュータは連立方程式を解くのに利用するだけです。

数値解析ソフトでは「熱抵抗」を自分で計算する必要がありません。偏微分方程式である基礎方程式を数値解法によって解くためです。温度を求めるために専門的な伝熱工学知識は必要ありません。CADで作られた形状をモデル化（簡略化）して、メッシュ分割（離散化）を行い、境界条件を与えて計算実行するだけです。

最近のソフトはメッシュ分割の自動化が進み、計算も速くなっており、簡単に温度を予測することができます。ただし、モデル化を行って結果を得るまでの間にはたくさんの誤差が紛れ込む可能性があり、解析スキルや経験が必要になります。

図4.8は「熱流体解析ソフトウェア」を使用する際の解析作業の流れを示したものです。

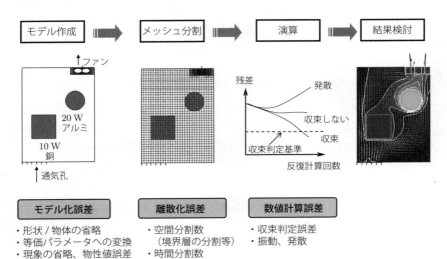

図4.8　熱流体解析の作業フローと誤差要因

最も誤差が生じやすいのが「モデル作成（モデリング）」のプロセスです。実物どおりに形状を入れて解析できればいいのですが、電子機器や部品は微細な構造をしており、必ず「省略」が必要になります。小さい部品や基板の配線パターン形状は省略したり、部品のリードは削除したり、といった簡略化が行われます。簡略化することによって必ずなんらかの情報が失われます。それが熱的パラメータに大きく影響を及ぼすようなものであれば、結果が変わります。そのため、「簡略化方法」の違いにより、結果に個人差が生まれてしまいます。できるだけ同じ考え方でモデリングを進めること（モデル作成の標準化）が結果のばらつきをなくす上で重要です。

　「メッシュ分割」のプロセスでも、分割の方法によって誤差が生じます。一般に分割が粗いと誤差が大きく、細かくすると誤差は減るものの演算時間が増えます。このように分割数（解析規模）と精度はトレードオフの関係になるので、適切な分割を選定する勘所や経験が問われます。

　「演算」は反復計算によって行われ、誤差が一定以下になったら停止します。通常は誤差を監視して自動判定しますが、収束しにくいモデルだと誤差が一定以下になりません。誤差を持ったまま強制的に終了した計算結果をどう扱うかも解析スキルの1つとなります。

　このように、数値流体力学は基礎方程式をコンピュータによって数値解析する手法ですが、たくさんの人的な要因が紛れ込みます。このような個人差をなくすことが、適用を広げる上で重要な課題となります。

第5章
Excelを活用した伝熱計算の方法

ここでは、前章で説明した伝熱の基礎式を合成して電子機器の温度を計算する方法について、具体的に説明します。

5.1　電子機器筐体の内部温度を求める

図 4.1 で説明したように、筐体各面からの放熱量を合計し、放熱量 = 発熱量とおいてエネルギー保存を解くことで未知数である温度を計算することができます。昔は手計算や計算尺を用いて計算していたため、「式を簡単にすること」に注力してきました。しかし、今は高性能なコンピュータを誰もが使える時代になりました。そこで、図 4.1 のような簡略式を使わずに、伝熱の基礎式をそのまま使用します。

マイクロソフト社製の代表的表計算ソフトである Excel を使用して計算する方法を説明します。

図 5.1 に示すように、筐体表面の放熱量を対流、放射、換気に分けて定式化します。対流による放熱量は、第 2 章の（式 2.6）で計算できます。筐体は水平上向き面、垂直面、水平面で構成され、各面の熱伝達率は異なるため、表 2.1 の係数を用いて書き下すと、対流放熱量は 3 つの式の合計値として算出できます。

放射による放熱量は、（式 2.14）をそのまま使用して計算できます。ここで放射係数は筐体表面の放射率とします。

換気による放熱量は、（式 2.19）で計算できます。ただし、対流と放射の計算で使用する温度上昇 ΔT は「筐体表面温度」であるのに対し、換気で使用する温度上昇は「空気温度上昇」でなければなりません。両者は同じにはなら

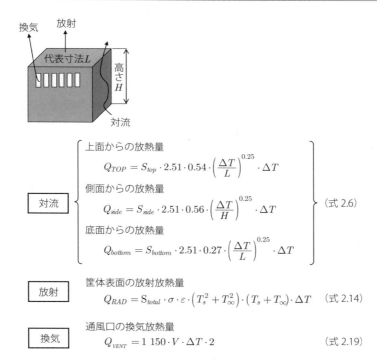

図 5.1　筐体の放熱量計算に用いる式

ないため、そのままだと未知数が 2 つになってしまいます。

そこで、筐体外表面から外気への熱伝達率と筐体内表面から内部空気への熱伝達率を同じと考え、筐体表面温度上昇は内部空気温度上昇の 1/2 とみなします。つまり、「内部空気温度上昇 ＝ 筐体表面温度上昇 × 2」と考え、図 5.1 のような式を導くことができます。

これらの式は温度に依存した式であり、また複数の式を扱う必要があるため、計算処理は簡単ではありません。しかし、Excel を使うことで簡単に答えを求められます。

5.2 循環参照を許可して計算する

図 5.1 に具体的な数字を入れ、Excel で温度を計算してみましょう。

図 5.2 に示すように幅と奥行きが 200 mm、高さ 400 mm の筐体内部に 200 W の発熱体が実装されているとします。ここに実効風量 1.2 m³/min（0.02 m³/s）のファンを付けて冷却した場合の内部空気の最高温度を推定します。筐体表面の放射率は 0.8 とします。

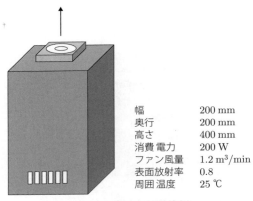

幅	200 mm
奥行	200 mm
高さ	400 mm
消費電力	200 W
ファン風量	1.2 m³/min
表面放射率	0.8
周囲温度	25 ℃

図 5.2 筐体の熱計算例

図 5.1 で示した放熱量計算式を、図 5.3 のように Excel に入力します。

	A	B	C	D
1	筐体幅(m)	0.2	水平面代表長L	=MIN(B1,B2)
2	筐体奥行(m)	0.2	垂直面代表長H	=B3
3	筐体高さ(m)	0.4	σ	0.0000000567
4	放射率	0.8		
5	換気風量(m³/s)	=1.2/60		
6	発熱量(W)	200		
7	外気温度(℃)	25		
8				
9	表面温度上昇(仮定値)	10	筐体内部空気温度上昇(℃)	=B9*2
10	周囲絶対温度(K)	=B7+273.15	筐体内部空気温度(℃)	=D9+B7
11	表面絶対温度(K)	=B7+B9+273.15	筐体表面温度(℃)	=B9+B7
12				
13		熱コンダクタンス		
14	筐体上面の対流	=B1*B2*2.51*0.54*(B9/D1)^0.25		(式 2.7)
15	筐体側面の対流	=(B1+B2)*2*B3*2.51*0.56*(B9/B3)^0.25		
16	筐体底面の対流	=B1*B2*2.51*0.27*(B9/D1)^0.25		
17	筐体全面の放射	=(B1*B2+B1*B3+B2*B3)*2*D3*B4*(B10^2+B11^2)*(B10+B11)		(式 2.16)
18	通風口の換気	=1150*B5*2		(式 2.20)
19	熱コンダクタンス合計	=SUM(B14:B18)		
20				
21	表面温度上昇(計算値)	=B6/B19		

B9 に設定された温度上昇を仮の値として計算している

図 5.3 Excel への入力（各セルの式を表示したもの）

このシートでは、B1〜B7セルに機器の仕様を入力します。これらを参照して、B14〜B18セルで各面の対流、放射、ファンの換気による熱コンダクタンスを算出しています。熱コンダクタンスの合計値はB19セルに表示されます。対流や放射の放熱量を計算するには、表面温度上昇が必要です。そこで、B9セルに仮の温度上昇を入力し、これを使って放熱量を計算します。その結果得られた熱コンダクタンスの合計値（B19セル）を用いて、改めて正しい温度上昇 ΔT を算出します。これがB21セルの表面温度上昇（計算値）です。計算結果はB9セルに設定した仮定値とは一致しませんので、正しい解ではありません（図5.4）。

	A	B	C	D
1	筐体幅(m)	0.2	水平面代表長L	0.2
2	筐体奥行(m)	0.2	垂直面代表長H	0.4
3	筐体高さ(m)	0.4	σ	5.67E-08
4	放射率	0.8		
5	換気風量(m³/s)	0.02		
6	発熱量(W)	200		
7	外気温度(℃)	25		
8				
9	表面温度上昇(仮定値)	10.00	筐体内部空気温度上昇(℃)	20.00
10	周囲絶対温度(K)	298.15	筐体内部空気温度(℃)	45.00
11	表面絶対温度(K)	308.15	筐体表面温度(℃)	35.00
12				
13		熱コンダクタンス		
14	筐体上面の対流	0.1442		
15	筐体側面の対流	1.0058		
16	筐体底面の対流	0.0721		
17	筐体全面の放射	5.0562	表面温度上昇（仮定値）は	
18	通風口の換気	46.0000	10℃だが、（計算値）は	
19	熱コンダクタンス合計	52.2782	3.83℃で一致しない	
20				
21	表面温度上昇(計算値)	3.826		

図 5.4　Excelへの入力（計算結果の表示）

「計算結果＝仮定値」となるまで反復すれば正しい答えが求められますが、マニュアル操作では大変です。

そこで、B9セルの「表面温度上昇（仮定値）」に「=B21」と入力します（図5.5）。

54 | 第5章 Excelを活用した伝熱計算の方法

	A	B	C	D
1	筐体幅(m)	0.2	水平面代表長L	=MIN(B1,B2)
2	筐体奥行(m)	0.2	垂直面代表長H	=B3
3	筐体高さ(m)	0.4	σ	0.0000000567
4	放射率	0.8		
5	換気風量(m³/s)	=1.2/60		
6	発熱量(W)	200		
7	外気温度(℃)	25		
8				
9	表面温度上昇(仮定値)	=B21 ←	筐体内部空気温度上昇(℃)	=B9*2
10	周囲絶対温度(K)	=B7+273.15	筐体内部空気温度(℃)	=D9+B7
11	表面絶対温度(K)	=B7+B9+273.15	筐体表面温度(℃)	=B9+B7
12				
13		熱コンダクタンス		
14	筐体上面の対流	=B1*B2*2.51*0.54*(B9/D1)^0.25		
15	筐体側面の対流	=(B1+B2)*2*B3*2.51*0.56*(B9/B3)^0.25		
16	筐体底面の対流	=B1*B2*2.51*0.27*(B9/D1)^0.25		
17	筐体全面の放射	=(B1*B2+B1*B3+B2*B3)*2*D3*B4*(B10^2+B11^2)*(B10+B11)		
18	通風口の換気	=1150*B5*2		
19	熱コンダクタンス合計	=SUM(B14:B18)		
20				
21	表面温度上昇(計算値)	=B6/B19		

※「表面温度上昇(仮定値)＝表面温度上昇(計算値)」とした場合

図 5.5　Excelへの入力

つまり、「表面温度上昇(仮定値)＝表面温度上昇(計算値)」としますが、これは当然エラーになります。式の因果関係が「鶏と卵」になってしまうためです。図5.6のようなエラーが表示され、計算は進みません。

図 5.6　循環参照に関する警告

しかし、Excelにはこの「循環参照を許可する機能」があります。内部で反復計算を行い、このイコール条件が成立する値を自動的に算出してくれるのです。

これを指定するには、「ファイル」タブから「オプション」を指定し、「数式」を選択します。図5.7に示す画面で「反復計算を行う」にチェックを入れると循環参照が許可されます。「ブックの計算」も自動にすることで、セルの数値が変化するつど、反復計算が行われます。

5.2 循環参照を許可して計算する | 55

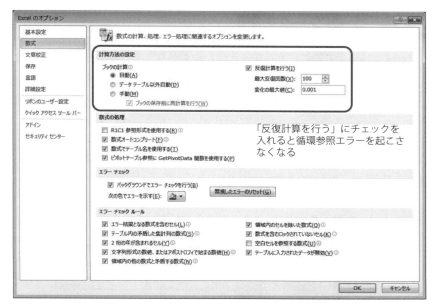

図 5.7　Excel オプションの設定画面（Excel 2010）

この指定後は、図 5.8 の画面のように常に、「表面温度上昇（仮定値）＝ 表面温度上昇（計算値）」となります。

	A	B	C	D
1	筐体幅(m)	0.2	水平面代表長L	0.2
2	筐体奥行(m)	0.2	垂直面代表長H	0.4
3	筐体高さ(m)	0.4	σ	5.67E-08
4	放射率	0.8		
5	換気風量(m^3/s)	0.02		
6	発熱量(W)	200		
7	外気温度(℃)	25		
8				
9	表面温度上昇(仮定値)	3.86	筐体内部空気温度上昇(℃)	7.71
10	周囲絶対温度(K)	298.15	筐体内部空気温度(℃)	32.71
11	表面絶対温度(K)	302.01	筐体表面温度(℃)	28.86
12				
13		熱コンダクタンス		
14	筐体上面の対流	0.1136		
15	筐体側面の対流	0.7926		
16	筐体底面の対流	0.0568		
17	筐体全面の放射	4.9029		
18	通風口の換気	46.0000		
19	熱コンダクタンス合計	51.8659		
20				
21	表面温度上昇(計算値)	3.856		

図 5.8　「反復計算を行う」を設定した後の計算結果表示

5.3 ゴールシークを使う

Excelには反復計算に便利な機能がほかにもあります。ゴールシークやソルバーです。ここでは、ゴールシークを使う方法について説明します。ゴールシークとは、ある計算式に対して結果を指定することでその結果が得られる値を逆算する機能です。

まず、図5.8の計算シートに「誤差」の欄を追加します。B22セルには、表面温度上昇（仮定値）と表面温度上昇（計算値）の差分を計算する式を設定します。具体的には「=B9-B21」となります。

次にゴールシークを起動します。「データ」タブの「What-If分析」から「ゴールシーク」を選ぶと、図5.9のようなパネルが表示されます。

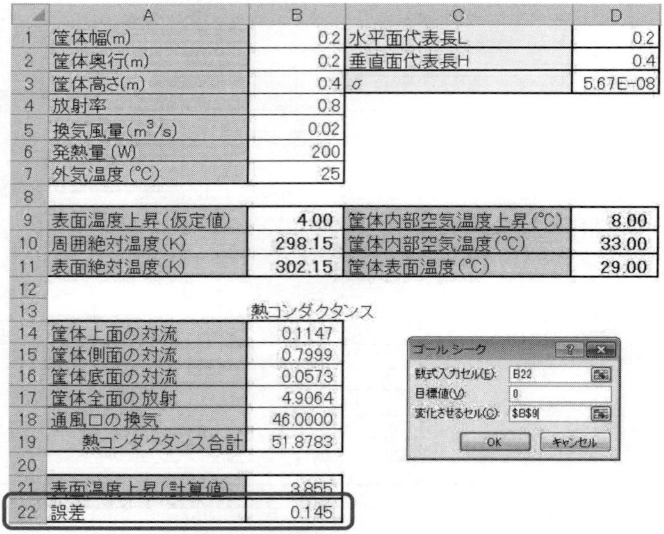

図5.9 ゴールシークを指定した画面

ここで、「数式入力セル」に誤差を計算する式が定義されたセル「B22」を、「目標値」に「0」を、「変化させるセル」に表面温度上昇仮定値（B9）を設定します。これで「OK」を押すと、誤差が0になるような「表面温度上昇（仮定値）」を求めることができます。

毎回、このような設定を行うのは面倒なので、上記手順をマクロに記録して

ボタンに割り付けます。こうするとボタンを押すと収束計算が実行できるようになります

図 5.10 は、ゴールシークを実行するマクロをボタンに設定した例です。ゴールシークを実行するマクロ（マクロ名 Macro）は、以下のようなコードになります。

```
Sub Macro()
    Range("B22").GoalSeek Goal:=0, ChangingCell:=Range("B9")
End Sub
```

	A	B	C	D
1	筐体幅(m)	0.2	水平面代表長L	0.2
2	筐体奥行(m)	0.2	垂直面代表長H	0.4
3	筐体高さ(m)	0.4	σ	5.67E-08
4	放射率	0.8		
5	換気風量(m³/s)	0.02		
6	発熱量 (W)	200	計算実行	
7	外気温度 (℃)	25		
8				
9	表面温度上昇(仮定値)	3.86	筐体内部空気温度上昇(℃)	7.72
10	周囲絶対温度(K)	298.15	筐体内部空気温度(℃)	32.72
11	表面絶対温度(K)	302.01	筐体表面温度(℃)	28.86
12				
13			熱コンダクタンス	
14	筐体上面の対流	0.1136		
15	筐体側面の対流	0.7928		
16	筐体底面の対流	0.0568		
17	筐体全面の放射	4.9030		
18	通風口の換気	46.0000		
19	熱コンダクタンス合計	51.8662		
20				
21	表面温度上昇(計算値)	3.856		
22	誤差	0.0039257		

図 5.10　ゴールシークを実行するマクロをボタンに設定した例

第6章
Excel を使った応用計算例

計算に Excel を利用することにより、非線形方程式の演算に伴う反復計算から解放され、さまざまな電子機器用の熱計算が可能になります。ここでは Excel を用いた熱計算事例を紹介します。

6.1　セラミックヒータの温度上昇（計算と実測の比較）

はじめに、図 6.1 に示す小型セラミックヒータの温度上昇について計算してみましょう。ヒータに付いているリード線を無視すれば、単純なブロック形状と考えられるので、図 5.1 で説明した筐体の放熱量計算式が使えます。ヒータは通風換気がないので、ここから「通風口の換気放熱量」を除けば適用できます。

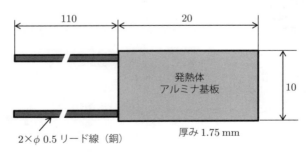

表面は黒体塗料を塗布し、放射率は 0.95 とした
10 mm を鉛直方向にして垂直置き自然対流とする
発熱量は 1 W

図 6.1　セラミックヒータ

図 6.2 はこのようにして計算した結果です。温度上昇は 87 ℃（温度 115 ℃）と予想されます。

筐体幅(m)	0.02			
筐体奥行き(m)	0.00175	上面代表長	0.00175	
筐体高さ(m)	0.01	Stop	0.000035	筐体上面面積
表面放射率	0.95	Sside	0.000435	筐体側面面積
発熱量 (W)	1	Sbot	0.000035	筐体底面面積
周囲空気温度℃	28	σ	5.67E-08	ステファンボルツマン定数

表面温度上昇△T(仮定値)	87.006404	表面温度	115.0064
周囲温度(K)	301.15		
表面温度(K)	388.1564		

	熱伝達率	熱コンダクタンス	放熱量
上面からの放熱量	20.2393134	0.00070838	0.0616332
側面からの放熱量	13.5753037	0.00590526	0.5137952
底面からの放熱量	10.1196567	0.00035419	0.0308166
全面の放射放熱量	8.96145167	0.00452553	0.3937504
放熱量合計値			0.9999954

放熱量と発熱量の誤差	4.5831E-06

図 6.2　セラミックヒータの計算結果（リード線を省略した場合）

図 6.3 は実際にセラミックヒータを使って測定した結果です。

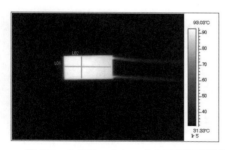 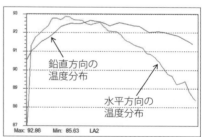

図 6.3　セラミックヒータの温度測定結果（周囲温度 28 ℃で最高温度は 93 ℃）

周囲温度 28 ℃で表面温度の最高値が 93 ℃なので、温度上昇は約 64 ℃です。計算値は実測値よりもだいぶ高くなっています。ちなみに、熱流体解析ソフトを使って単純ブロックでシミュレーションした結果も、82 ℃アップとなっています。この差はリード線を省略したことによって生じたものです。リード線や配線パターンは表面積が小さいものの、対流の熱伝達率が大きくなるため、無視できません。

次にリード線を考慮して計算します。

リード線はヒータ側の温度が高く、先端にいくほど温度が下がります。そこで、3.4 項で説明したフィン効率を使って伝熱量を計算します。

リード線の表面からの対流、放射の熱伝達率を h_c, h_r、フィン効率を η とすると、リード線の熱抵抗は以下の式で計算できます。

$$R_{wire} = \frac{1}{S_{wire} \cdot (h_c + h_r) \cdot \eta \cdot \Delta T} \quad \text{(式 6.1)}$$

S_{wire}：リード線の表面積〔m²〕、h_c：自然対流平均熱伝達率〔W/(m²K)〕、h_r：放射平均熱伝達率〔W/(m²K)〕、η：円形断面フィンのフィン効率、ΔT：根元の温度上昇〔K〕

リード線は極端に細いため、表 2.1 で紹介した対流熱伝達率の式ではなく、細いワイヤに適用できる以下の式（坪内の式）を使用します。

$$h_c = \frac{\lambda}{d} \cdot 0.74 \cdot (Gr_d \cdot Pr)^{\frac{1}{15}} \quad \text{(式 6.2)}$$

$$Gr_d = \frac{\beta \cdot g \cdot \Delta T \cdot d^3}{\nu^2} \quad \text{(式 6.3)}$$

β：流体体膨張係数 ≒ 1/ 空気の絶対温度、g：重力加速度 $= 9.81$〔m/s²〕、ν：動粘性係数 ≒ 17×10^{-6}〔m²/s〕、d：リード線直径（代表長さ）$= 0.0007$〔m〕、ΔT：温度上昇、λ：空気の熱伝導率 ≒ 0.028〔W/(mK)〕、$Pr = 0.715$（空気のプラントル数）（無次元）

また、円筒断面フィンのフィン効率 η は、以下の式で計算できます

$$\eta = \frac{\tanh(m)}{m} \quad \text{(式 6.4)}$$

$$m = \sqrt{2} \cdot L \cdot \sqrt{\frac{h_c + h_r}{\lambda_{wire} \cdot d / 2}}$$

L：リード線の長さ $= 0.11$〔m〕

λ_{wire}：リード線の熱伝導率 $= 385$〔W/(mK)〕

リード線からの自然対流放熱を考慮した結果を図 6.4 に示します。

筐体幅(m)	0.02		
筐体奥行き(m)	0.00175	上面代表長	0.00175
筐体高さ(m)	0.01	Stop	0.000035	筐体上面面積
表面放射率	0.95	Sside	0.000435	筐体側面面積
発熱量 (W)	1	Sbot	0.000035	筐体底面面積
周囲空気温度℃	28	σ	5.67E-08	ステファンボルツマン定数
リード直径 (m)	0.0005		
リード長さ (m)	0.11		
リード熱伝導率(W/mK)	385		

表面温度上昇ΔT(仮定値)	65.21111	表面温度	93.21111
周囲温度(K)	301.15		
表面温度(K)	366.36111		

	熱伝達率	熱コンダクタンス	放熱量		
上面からの放熱量	18.83165	0.00065911	0.0429812		
側面からの放熱量	12.6311285	0.00549454	0.3583051		
底面からの放熱量	9.41582501	0.00032955	0.0214906		
全面の放射放熱量	8.0868127	0.00408384	0.2663118	フィン効率	m
リードからの放熱	48.1069372	0.00477102	0.3111235	0.28698613	3.47785257
放熱量合計値			1.0002121		

放熱量と発熱量の誤差	−0.0002121

図 6.4　セラミックヒータの計算結果（リード線を考慮した場合）

　大きく温度が下がり、周囲温度 28 ℃で表面温度が 93.2 ℃、温度上昇は約 65.2 ℃となります。伝熱式の組み合わせで予測した温度は、実温度にかなり近い値となることがわかります。

　また、リード線や配線ケーブルは表面積が小さいものの、直径が小さいため、熱伝達率が大きく、放熱量としては無視できないことがわかります。放熱を考える際に見逃せない放熱経路になります。

6.2　ジュール発熱による配線やバスバーの温度上昇

　次に、ケーブルやバスバーなど、大電流によってジュール発熱する配線類の温度上昇を計算してみましょう（図 6.5）。

　ここでも、「発熱量 ＝ 放熱量」とおいてエネルギー保存から温度を計算します。ただし、導体の電気抵抗が温度によって変化するため、温度が変わると発熱量が変化してしまい、計算が難しくなります。

　もちろん、自然対流や熱放射も温度によって変わるため、温度に依存した変数が多くなります。これも Excel の機能を使うことで簡単に解けます。

　まず発熱量 Q は、電流を I〔A〕、電気抵抗を R〔Ω〕、素材の温度係数を K、バスバーの温度を T_b、周囲空気温度を T_a とすると、以下の式で計算でき

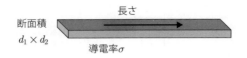

特 性	単 位	銅の値
導電率 σ	$1/(\Omega\,\mathrm{m})$	5.96×10^7
抵抗率 ρ	$\Omega\,\mathrm{m}$	1.68×10^{-8}
温度係数	—	4.33×10^{-3}

※温度係数は25 ℃基準

図 6.5 ジュール発熱するバスバー

ます。

$$\text{ジュール発熱量} \quad Q = I^2 \cdot R \cdot (1 + K \cdot (T_b - T_a))$$

電気抵抗 R は、バスバーの断面寸法を d_1, d_2〔m〕、長さを L〔m〕、素材の抵抗率を ρ〔$\Omega\,$m〕とすれば、以下の式で計算できます。

$$R = \frac{\rho \cdot L}{d_1 \cdot d_2} \; [\Omega]$$

バスバーの温度 T_b は、最初はわからないので仮定値を用いて計算します。

次に自然対流の熱伝達率 h_c を、第2章の（式2.9）で計算します。配線やバスバーのように細長い形状では、自然対流熱伝達率の代表長さを短辺（幅）とし、鉛直平板の係数を全面に適用します。放射の熱伝達率 h_r も同様に、（式2.14）で計算できます。

バスバーの温度 T_b は、$T_b = \dfrac{W}{S \cdot (h_c + h_r)} + T_a$ と計算されるので、この値が仮定した T_b と一致するようにゴールシークや循環参照を使用して計算します。

これらの手順を Excel シートで定義したのが、図6.6 です。

6.2 ジュール発熱による配線やバスバーの温度上昇

	A	B	C
2	導電率	1/(m・Ω)	59600000
3	抵抗率	m・Ω	0.0000000168
4	温度係数		0.00433
5	放射率		0.85
6			
7	配線厚み	mm	0.105
8	配線幅	mm	10
9	配線長	mm	200
11	電流値	A	25
12	周囲温度	℃	25
13			
14	電気抵抗値	Ω	=C3*(C9/1000)/(C8*C7*C10/1000000)
15	発熱量	W	=C11^2*C14*(1+C4*(C21+C12-25))
16			
17	対流熱伝達率	W/(m^{2}K)	=2.51*0.56*(C21/(C8/1000))^0.25
18	放射熱伝達率	W/(m^{2}K)	=0.0000000567*C5*(C23^2+C20^2)*(C23+C20)
19	放熱面積(両面)	m^2	=C8*C9/1000000*2
20	周囲温度	K	=C12+273.15
21	配線温度上昇(仮定)	℃	=C22
22	配線温度上昇(結果)	℃	=C15/(C19*(C17+C18))
23	配線温度	K	=C12+C21+273.15
24	温度	℃	=C21+C12

図 6.6　ジュール発熱するバスバーの温度計算用 Excel シート

　入力データを元に、C15 セルでジュール発熱量を計算しています。このとき C21 セルの温度上昇仮定値を使用して電気抵抗を計算します。

　自然対流、放射の熱伝達率（C17、C18 セル）を用いて、C22 セルで配線の温度上昇を計算し、この値を温度上昇仮定値 C21 セルに戻します。循環参照を許可することによって、C21 セルと C22 セルは常に同じ値になり、温度に依存した計算式を満たすことができます。

　この式を用いて求めた温度上昇計算値と実測値を比較したものが、図 6.7 です。実験はプリント基板の配線パターンを対象としています。

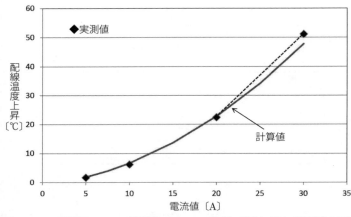

銅厚 105 μm、配線幅 10 mm、配線長 200 mm、表面レジストあり（放射率 0.85）

図 6.7 銅箔に大電流を流した場合の温度上昇値（実測比較）

銅箔の片面はプリント配線板に面しますが、この面からも熱伝導で放熱するため、銅箔の全表面積を放熱面積としています。

6.3　自然空冷筐体の内部温度計算

5.1 節で強制対流筐体の温度を計算しましたが、同様な方法を使って自然空冷筐体の内部温度を計算することができます。ただし、自然空冷機器では温度上昇によって生じる浮力が通風力源となって換気が起こるため、換気風量が空気温度の関数になります。

ここでは、図 6.8 に示す自然空冷機器を例として、内部空気温度を求める方法を説明します。

機器の計算条件

- 機器外形寸法：幅 80 ×奥行 100 ×高さ 150 mm
- 機器表面の放射率：0.85
- 通風口の面積（吸気口・排気口の小さい方）：3 200 mm^2
- 総消費電力：20 W
- 周囲温度：35 ℃

熱流体解析ソフトで、内部空気に体積発熱量 20 W を与えて計算した結果、

6.3 自然空冷筐体の内部温度計算

機器外形寸法：W 80×D 100×H 150 mm　放射率 0.85
通風口面積（吸気口・排気口の小さい方）：3 200 mm²
総消費電力：20 W　周囲温度：35 ℃

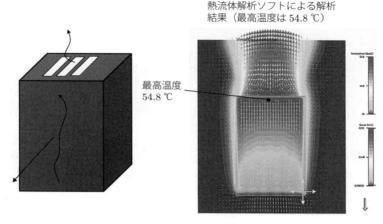

図 6.8　筐体内部温度計算の例題

空気の最高温度は 54.8 ℃（温度上昇 19.8 ℃）となりました。

この例題を手計算で解くには、5.1 節で説明した方法を使うことができます。ただし、5.1 節の例題では、換気による放熱量の計算に以下の強制空冷の式を使いました。

$$Q_{VENT} = \rho \cdot C_p \cdot V \cdot \Delta T_{air} = 1\,150 \cdot V \cdot \Delta T_{surf} \cdot 2 \quad \text{(式 6.5)}$$

ρ：空気の密度〔kg/m³〕、C_p：空気の比熱〔J/(kg K)〕、V：風量〔m³/s〕、ΔT_{air}：内気温度上昇〔℃〕、ΔT_{surf}：筐体表面温度上昇〔℃〕

今回の機器は自然空冷のため、風量 V は自然換気によって決まります。したがって、風量 V の値を最初から決めることができません。そこで、

風量 $V =$ 通風口面積 A × 通過風速 u

と置き換えます。

通風口を通過する際の風速 u〔m/s〕は、浮力と機器の通風抵抗のつり合いから以下のように表されます。

$$u = \left(\frac{2g \cdot \beta \cdot h_T \cdot \Delta T_{air}}{\zeta} \right)^{\frac{1}{2}} \qquad (式 6.6)$$

g：重力加速度 $= 9.81$ [m/s^2]、β：空気の体膨張係数 $= 1/$ 空気の絶対温度、h_T：実効煙突長（≒筐体高さ /2）[m]、ζ：吸排気口の圧力損失係数（$2 \sim 3$）

ここでは、$\zeta = 2.25$（経験値）、$\beta = 0.0033$ として計算すると、

$$u = 0.166 \cdot (h_T \cdot \Delta T_{air})^{\frac{1}{2}} \qquad (式 6.7)$$

が得られます。

自然空冷機器の換気による熱コンダクタンスは、（式 6.5）の右辺から ΔT_{surf} を除いた式になるので、以下のような形になります。

$$G_{VENT} = 1150 \cdot A \cdot 0.166 \cdot (h_T \cdot \Delta T_{air})^{\frac{1}{2}} \cdot 2 \qquad (式 6.8)$$

図 5.5 のシートの B18 セルを上記自然換気の式に置き換えたシートを図 6.9 に示します。計算結果は、空気温度 53.8 ℃（温度上昇 18.8 ℃）で熱流体解析の結果に近い値が得られています（図 6.10）。

	B	C	D
1	0.08	水平面代表長L	=MIN(B1,B2)
2	0.1	垂直面代表長H	=B3
3	0.15	σ	0.0000000567
4	0.85	煙突長h$_T$(m)	=B3/2
5	0.0032		
6	20		
7	35		
8			
9	=B21	筐体内部空気温度上昇(℃)	=B9*2
10	=B7+273.15	筐体内部空気温度(℃)	=D9+B7
11	=B7+B9+273.15	筐体表面温度(℃)	=B9+B7
12			
13	熱コンダクタンス		
14	=B1*B2*2.51*0.54*(B9/D1)^0.25		
15	=(B1+B2)*2*B3*2.51*0.56*(B9/B3)^0.25		
16	=B1*B2*2.51*0.27*(B9/D1)^0.25		
17	=(B1*B2+B2*B3+B1*B3)*2*D3*B4*(B10^2+B11^2)*(B10+B11)	風速(m/s)	
18	=1150*B5*0.166*(D4*D9)^0.5*2 ←	=0.166*(D4*D9)^0.5	
19	=SUM(B14:B18)		
20			
21	=B6/B19		

図 6.9　自然空冷筐体の計算例（図 5.5 のシートの B18 セルを自然換気の式に置き換えたもの）

6.3 自然空冷筐体の内部温度計算

	A	B	C	D
1	筐体幅(m)	0.08	水平面代表長L	0.08
2	筐体奥行(m)	0.1	垂直面代表長H	0.15
3	筐体高さ(m)	0.15	σ	5.67E-08
4	放射率	0.85	煙突長h_T(m)	0.075
5	通風口面積(m^2)	0.0032		
6	発熱量 (W)	20		
7	外気温度(℃)	35		
8				
9	表面温度上昇(仮定値)	9.39	筐体内部空気温度上昇(℃)	18.78
10	周囲絶対温度(K)	308.15	筐体内部空気温度(℃)	53.78
11	表面絶対温度(K)	317.54	筐体表面温度(℃)	44.39
12				
13		熱コンダクタンス		
14	筐体上面の対流	0.0357		
15	筐体側面の対流	0.2135		
16	筐体底面の対流	0.0178		
17	筐体全面の放射	0.4133	風速(m/s)	
18	通風口の換気	1.4499		0.196996491
19	熱コンダクタンス合計	2.1302		
20				
21	表面温度上昇(計算値)	9.389		

図 6.10 自然空冷筐体の計算結果

第7章
Excel を使った流れの計算

　これまで電子機器の熱計算について説明してきましたが、熱設計を行う際には「流れ」に関連した計算も必要になります。例えば、5.1 節で説明した強制空冷機器の計算では、「風量」を既知の値としましたが、実際の動作風量は機器の流体抵抗と冷却ファンの性能によって決定されます。また、強制空冷部品の熱伝達率計算に必要な「風速」も風量によって変わります。ここでは Excel を使った流れの計算について例題を交えて説明します。

7.1　圧力損失

　流体が流路を流れると、必ずエネルギーの損失が発生します。流体と流路壁面との間で摩擦が発生したり、障害物によって発生する渦によって内部摩擦が起こるためです。機器に冷却ファンを取り付け、圧力をかけて空気を送り込んだとしても、空気が機器内を通過するうちに摩擦や乱れが発生し、圧力が低下していきます。最初に持っていた圧力のエネルギーが失われて熱になるためです。これを「圧力損失（圧損）」と呼びます。
　圧力損失には「摩擦圧損」と「局所圧損」があります。前者は流体と壁面との間で生じる粘性摩擦に起因するもので、後者は局所的に発生する渦に起因するものです。摩擦圧損は、低速では流速に比例しますが、流れが速くなると乱流化し、流速の 2 乗に比例するようになります。局所圧損は、例えば通風口などによって急に流路が狭くなったりした場合、流れに乱れを生じることによって起こるもので、流速の 2 乗に比例します。
　電子機器の内部は複雑な流路を形成していますが、風洞実験により、その特性を調べると、図 7.1 に示すように、圧力は風量のほぼ 2 乗に比例して増大し

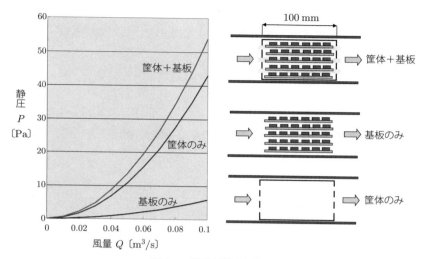

図 7.1 通風抵抗実測例

ていることがわかります。

流体抵抗体を通過する際に生じる圧力損失を ΔP_{loss} で表すと、流体抵抗体の前（添字 1）と後（添字 2）の圧力と流速との関係は以下のように表されます。

$$P_{S1} + \frac{\rho \cdot u_1^2}{2} = P_{S2} + \frac{\rho \cdot u_2^2}{2} + \Delta P_{loss} \tag{式 7.1}$$

P_{S1}, P_{S2}：流体抵抗体の前後の静圧〔Pa〕、ρ：流体の密度〔kg/m^3〕
u_1, u_2：流体抵抗体の前後の流速〔m/s〕

両辺の第 1 項は静圧（流れの影響を受けない圧力）、第 2 項は動圧（流れに向かう方向の圧力）と呼ばれます。静圧と動圧の和を全圧と呼びます。

流体抵抗体の前後の全圧を P_{T1}, P_{T2} とすれば、圧力損失 ΔP_{loss} は以下の式で表されます。

$$\Delta P_{loss} = P_{T1} - P_{T2} = \zeta \cdot \frac{\rho}{2} \cdot u^2 \tag{式 7.2}$$

ζ：管路の圧力損失係数、ρ：流体の密度〔kg/m^3〕、u：流速〔m/s〕

筐体に冷却ファンを付けた際にどれくらいの風量、風速が得られるかを知る

には圧力損失係数（以下、圧損係数）を求める必要があります。さまざまな圧損係数が実験や解析によって求められていますので、ここではその一部を紹介します。

7.2　摩擦による圧損係数

流路壁面の摩擦による圧損係数は、管摩擦係数 f、管路長 L〔m〕、管路直径 d〔m〕から以下の式で表されます。

$$\zeta = f \cdot \frac{L}{d} \tag{式 7.3}$$

管摩擦係数 f は、滑らかな管の層流（$Re < 2\,300$ 程度）では、以下の式で計算できます。

$$f = \frac{64}{Re} \quad (Re < 3 \times 10^3) \tag{式 7.4}$$

Re：レイノルズ数 $= u \cdot d / \nu$（流体の粘性力と慣性力の比を表す）
ν：動粘性係数（常温空気では 1.6×10^{-5} m²/s 程度）

流速が大きくなると乱流化するため、さまざまな実験式が提示されています。滑らかな管での代表的な経験式として以下のブラジウスの式があります。

$$f = \frac{0.3164}{Re^{0.25}} \quad (3 \times 10^3 < Re < 10^5) \tag{式 7.5}$$

たくさんの部品が実装された電子機器のプリント基板では、壁面が粗いため、層流で $f = 1$、乱流で $f = 2$ という経験値があります。

上記は直径 d の円形断面の流路について適用可能な式ですが、矩形断面（寸法 $a \cdot b$）の流路に適用する場合には、以下の式を使って等価直径 d_e に変換します。

$$d_e = 1.3 \cdot \left(\frac{(a \cdot b)^5}{(a+b)^2} \right)^{\frac{1}{8}} \tag{式 7.6}$$

a, b：矩形ダクト断面の辺の長さ〔m〕

7.3 流路変化による局所圧損係数

パンチングメタルのような流体抵抗体を空気が通過すると、その前後に圧力差を生じます。このように、局所的な流路断面の変化や曲がりなどで発生する圧力損失は、局所圧損と呼ばれます。

電子機器で代表的な局所圧損は、流路断面積が縮小して拡大する通風口のような場所で発生するもので、以下のような式で近似計算できます。

$$\zeta = \frac{C \cdot (1-\beta)}{\beta^2} \tag{式 7.7}$$

ζ：圧力損失係数、β：開口率、C：抗力係数（流体抵抗体固有の定数）

(1) パンチングメタルの圧損

強制空冷など流速が大きい場合（$Re > 100$）には、以下の式が適用できます。

$$\zeta = \frac{2.5 \cdot (1-\beta)}{\beta^2} \tag{式 7.8}$$

自然空冷など、風速の小さい領域（$Re < 100$）では、板厚を t、穴の直径を d とし、$t/d = 0.5$ 近辺で、以下の式が成り立ちます。

$$\zeta = 40 \cdot \left(\frac{Re \cdot \beta^2}{1-\beta} \right)^{-0.65} \tag{式 7.9}$$

Re の計算に使用する流速 u は流体抵抗体上流側の風速〔m/s〕です。

吸い込み口にパンチングメタルを設けた自然対流の実験によって開口率と圧力損失係数 ζ の関係を実測した結果を、表 7.1 に示します。

表 7.1　自然対流での開口率と圧力損失係数 ζ（抵抗体を吸い込み口側に設置）

開口率 β	0.2	0.4	0.6	0.8
圧力損失係数 ζ	35	7.6	3.0	1.2

出典：『空気調和ハンドブック』（丸善（株））

表 7.2　自然対流実験から求めた抗力係数 C

開口率 β	0.2	0.4	0.6	0.8
抗力係数 C	1.75	2.03	2.70	3.84

出典：『空気調和ハンドブック』（丸善（株））

　この結果から、抗力係数 C を以下の式で逆算すると、表 7.2 のように開口率によって変動することがわかります。

$$C = \frac{\zeta \cdot \beta^2}{(1-\beta)} \tag{式 7.10}$$

(2) 金網やメッシュの圧損

　金網では、風速の小さい領域（$Re < 100$）で以下の式が適用できます。

$$\zeta = 28 \cdot \left(\frac{Re \cdot \beta^2}{1-\beta} \right)^{-0.95} \tag{式 7.11}$$

また、$Re > 100$ の場合には、以下の式となります。

$$\zeta = \frac{0.85 \cdot (1-\beta)}{\beta^2} \tag{式 7.12}$$

(3) その他の圧損

　流路断面の変化や曲り、分岐・合流などによっても流れに乱れが生じるため、圧損が発生します。さまざまな圧損係数の値を表 7.3 に示します。

7.3 流路変化による局所圧損係数

表 7.3 さまざまな圧力損失係数の計算（局所圧損）

変化様式	条件	圧損係数
断面積の変化	急な縮小（角は鋭い）	$\dfrac{A_2}{A_1} = \begin{cases} 0.1 & 0.41 \\ 0.3 & 0.34 \\ 0.5 & 0.24 \\ 0.7 & 0.14 \\ 0.9 & 0.036 \end{cases}$ (u_2 に対する値)
	急な拡大（角は鋭い）	$\zeta = \left(1 - \dfrac{A_1}{A_2}\right)^2$ (u_1 に対する値)
	狭まり（長方形断面）	$\theta = \begin{cases} 30° & 0.02 \\ 45° & 0.04 \\ 60° & 0.07 \end{cases}$ (u_2 に対する値)
	広がり（長方形断面）	$\theta = \begin{cases} 5° & 0.17 \\ 10° & 0.28 \\ 20° & 0.45 \\ 30° & 0.59 \\ 40° & 0.73 \end{cases}$ ($u_2 - u_2$ に対する値)
	仕切り板	$\dfrac{d}{L} = \begin{cases} 0.1 & 193 \\ 0.3 & 17.8 \\ 0.5 & 4.02 \\ 0.7 & 0.95 \\ 0.9 & 0.09 \end{cases}$
入口	シャープエッジ	$\zeta = 0.5$
	ベルマウス	$\zeta = 0.005 \sim 0.06$
	ボルダ	$\zeta = 0.56$

表 7.3　さまざまな圧力損失係数の計算（局所圧損）（つづき）

変化様式	条　件	圧損係数
曲がり	円形断面エルボ	$\theta = \begin{cases} 30° & 0.13 \\ 45° & 0.236 \\ 60° & 0.471 \\ 90° & 1.129 \end{cases}$
	長方形断面エルボ	$\zeta = 9.5\sin^2\left(\dfrac{\theta}{4}\right)$
	円形断面の曲管	$\dfrac{R}{D} = \begin{cases} 0.5 & 0.73 \\ 1.0 & 0.26 \\ 1.5 & 0.17 \\ 2.0 & 0.15 \end{cases}$

7.4　通風抵抗

　これまでは管路の「圧力損失」という表現で圧力と流速との関係を説明してきましたが、管路の通りにくさを表すのに「流体抵抗」という表現もよく使われます。

　熱、電気、流体の相似性については 2.1 節で説明したとおりですが、管路内の流体の流れも「流体抵抗回路」として熱や電気と同じように扱うことができます。電気抵抗や熱抵抗に相当するものは、管路では「流体抵抗（空気の場合は通風抵抗）」と呼ばれます。管路内の流れでは、電気のオームの法則にあたる式は、以下の式のようになります。

$$\Delta P = R \cdot V^2 \qquad \text{(式 7.13)}$$

　　　ΔP：圧力差〔Pa〕、R：通風抵抗〔Pa·s^2/m^6〕、V：風量〔m^3/s〕

　（式 7.2）と（式 7.13）は、右辺が風速 u か風量 V かの違いであり、同じ意味合いを持ちます。管内流では、流量 V を流路断面積 A で割れば平均流速 u が求められます。

$$u = \frac{V}{A} \qquad \text{(式 7.14)}$$

　（式 7.2）に（式 7.14）を代入すると、以下の式が得られます。

$$\Delta P = \zeta \cdot \frac{\rho}{2 \cdot A^2} \cdot V^2 \qquad \text{(式 7.15)}$$

(式 7.13) と (式 7.15) の関係から、通風抵抗 R は、以下のようになります。

$$R = \zeta \cdot \frac{\rho}{2 \cdot A^2} \qquad \text{(式 7.16)}$$

この式から、圧損係数 ζ を計算すれば、R が求められることがわかります。
通風抵抗は電気抵抗と同じように直列則・並列則が成り立ちます。
流路の分岐や合流があっても、通風抵抗の合成によって風量や圧力の分布を計算できます。

直列則

$$R = R_1 + R_2 + R_3 + \cdots\cdots + R_n \qquad \text{(式 7.17)}$$

並列則

$$\frac{1}{\sqrt{R}} = \frac{1}{\sqrt{R_1}} + \frac{1}{\sqrt{R_2}} + \frac{1}{\sqrt{R_3}} + \cdots\cdots + \frac{1}{\sqrt{R_n}} \qquad \text{(式 7.18)}$$

風洞を用いて実際の電子機器の通風抵抗を測定した結果が、図 7.1 に示すグラフです。

この実験では、まず基板を実装した状態の装置の通風抵抗を測定しました。基板は 12.5 mm ピッチで 20 枚実装され、基板あたり 30 個のモジュール抵抗（部品高さ 3.5 mm）が搭載されています。装置は開口率 50 % の通風口が吸気側、排気側のそれぞれに設けられています。測定結果は「筐体 + 基板」の曲線となりました。

次に、筐体から基板を取り出し、基板だけを風洞に入れて通風抵抗を測定しました。その結果が「基板のみ」の曲線です。

最後に基板を取り出して、空の筐体の通風抵抗を測定しました。これが「筐体のみ」のカーブです。

この結果を見ると、基板の摩擦圧損よりも、通風口の局所圧損が大きいことがわかります。電子機器では、基板よりも、通風口・流路の狭まりなどの局所圧損が通風抵抗の支配的要因になるケースが多いようです。

7.5 流れと温度の統合計算例

第6章で説明した熱の計算と、流れの計算をまとめることによって、ファン付き筐体内の部品の温度を推定することができるようになります。

ここでは、図7.2に示す簡単な例を用いて一連の計算手順を説明します。電子機器や部品の温度を求める際の基本的な計算方法です。

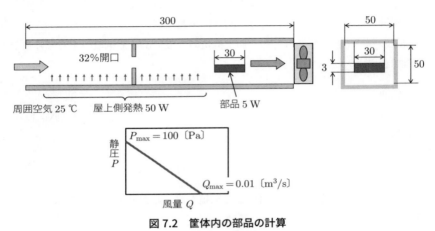

図 7.2　筐体内の部品の計算

図7.3は、計算フローを表したものです。

(1) 通風抵抗算出

筐体の吸気から排気までの間に発生する圧損係数を計算し、通風抵抗値を求めます。圧損係数は摩擦圧損、局所圧損から構成されます。摩擦圧損係数を求めるには管摩擦係数を求めなければなりませんが、そのためには流れの状態を表す無次元数 Re（レイノルズ数）を計算しなければなりません。Re の計算には風速が必要ですが、風速は通風抵抗が計算されていないと求められません。そこで、前出の循環参照を使います。まず Excel で「オプション」の「数式」から「反復計算を行う」にチェックを入れておいてください（図5.7 参照）。

Re の計算には管路の等価直径も必要なので、（式7.6）を使ってあらかじめ計算しておきます。

7.5 流れと温度の統合計算例

(1) 通風抵抗算出
流路の圧損係数を求め、合計して通風抵抗を計算する

流路の圧損係数から通風抵抗を求める

①通風抵抗の式

(2) 風量・風速算出
通風抵抗とファン特性から風量を求める

グラフ交点から動作風量を求め平均風速を計算する

②風量・風速計算式

⎫
⎬ 流れ計算
⎭

(3) 空気温度算出
風量と発熱から空気温度分布を求める

風量と発熱量から空気温度を計算する

③換気による熱輸送式

(4) 熱伝達率算出
風速から熱伝達率を求める

流速 V から熱伝達率 h を算出する各種熱伝達率計算式 $(h=f(V))$ を使用する

④強制対流熱伝達式

(5) 部品温度算出
熱伝達率と発熱量から部品温度を算出

$\Delta T = Q_p/(S \times h)$ より熱源温度上昇を算出

⑤熱のオームの法則

⎫
⎬ 熱計算
⎭

図 7.3　計算フロー

摩擦圧損係数

　Re を用いて層流、乱流それぞれの管摩擦係数を求めておき、Re の大きさによってどちらを使うか判定します。この例では $Re \leq 3\,000$ では層流、$Re > 3\,000$ では乱流としています（式 7.4）（式 7.5）。摩擦圧損係数は（式 7.3）で計算できます。

局所圧損係数

　この例では開口率 32% の流路障害物で局所圧損を生じます。ここではパンチングメタルと考え、（式 7.8）を使用しました。

入口圧損係数

　表 7.3 の入口の圧損係数 0.5 を使用しました。

これらの圧損係数を合計し、（式 7.16）を用いて通風抵抗 R を算出します。

(2) 風量・風速算出

　通風抵抗 R が求められたので、通風抵抗の二次曲線 $(P = R \cdot V^2)$ とファンの特性 $(P = -10\,000 \cdot V + 100)$ との交点を求めれば、動作点（実効風量、実

効静圧）が計算できます。ファン特性がグラフで与えられる場合には、複数の直線で近似して交点を求めます。

実効風量を流路断面積で割れば平均風速が計算できます。また実効風量を障害物の最小流路面積で割れば、障害物通過風速を求めることができます。

ここで求めた平均風速は Re（レイノルズ数）の計算にフィードバックします。

(3) 空気温度算出

次に熱計算に移ります。

部品付近の空気温度は、部品上流側の総発熱量 Q によって上昇します。この温度上昇 ΔT_a は、（式 2.19）を用いて、以下の式で計算できます。

$$空気の温度上昇 \Delta T_a = \frac{Q}{\rho \cdot C_p \cdot V} \fallingdotseq \frac{Q}{1\,150 \cdot V}$$

(4) 熱伝達率算出

部品周囲の風速から、熱伝達率 h を計算します。ここでは流れに平行な面の熱伝達率を全表面積に適用して計算しています。計算に使う代表長さは空気の流れ方向の部品の長さで、熱伝達率は、層流の（式 2.10）または乱流の（式 2.11）の大きい方の値を採用します。

(5) 部品温度算出

部品の周囲空気に対する表面の温度上昇 ΔT_p は、部品の発熱量 Q_p、表面積 S、熱伝達率 h を用いて、（式 2.6）から以下のように計算できます。

$$部品の温度上昇 \Delta T_p = \frac{Q_p}{S \cdot h}$$

以上の計算により、部品の温度 T_p は、温度上昇を足し合わせて求めることができます。

$$部品温度\ T_p = 周囲空気温度 + \Delta T_a + \Delta T_p$$

この計算手順を Excel に入力したものを図 7.4 に示します。入力部に数値を入力すると、すぐに部品温度を求めることができます。

7.5 流れと温度の統合計算例

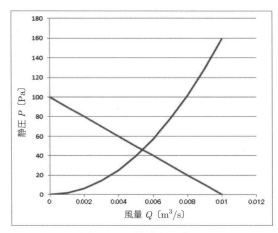

(a) 入力部

(b) 流れ計算

(c) 熱計算

(d) ファン動作点表示グラフ

図 7.4 Excel 計算シート例

第7章 Excel を使った流れの計算

図 7.5 は各セルに定義された式を表示しています。

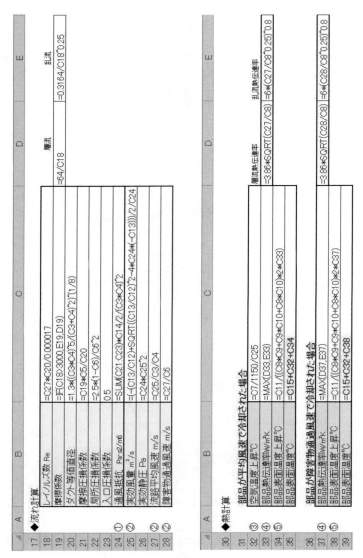

図 7.5　Excel 計算シートの計算式

この Excel シートを用いて、部品の温度低減対策を検討してみましょう。

流路の中央付近にある開口部の後方では流速が増大するため、この近くに部品を置いて、高速気流をあてて冷却します。開口率を大きくすると、風速が小さいためあまり冷えません。一方、開口率を小さくしすぎると、障害物の通風抵抗が大きくなり、風量が低下するため、冷却能力が下がります。したがって、「最も部品の冷却効果が高い開口率」が存在します。

開口率を変えて部品の温度上昇を調べると、図 7.6 のような開口率と部品温度上昇との関係が求められます。このグラフを見ると、開口率を 30 〜 40％程度にしたときに部品温度が最も低くなることがわかります。

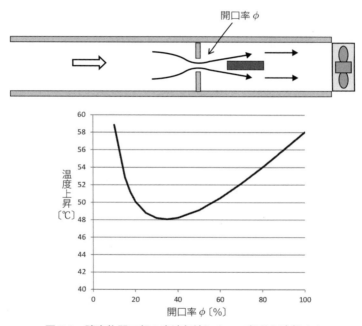

図 7.6 障害物開口部の高速気流によって部品を冷却する

図7.7は熱流体解析ソフトを使って、同じ解析を試みたものです。熱流体解析の結果は、絞りの開口率32％で部品温度72.4℃となり、Excelの計算結果73.1℃に近い値となりました。

図7.7　熱流体シミュレーションの結果（風速分布図）

第3部
熱回路網法で実務計算にチャレンジしよう

第 8 章　Excel VBA を使った熱回路網法プログラム例
第 9 章　熱回路網法で定常熱解析を行う
第 10 章　熱回路網法で過渡解析を行う
第 11 章　電子機器筐体のモデル化基板と部品のモデル化
第 12 章　熱回路網法を使ったさまざまな解析事例
第 13 章　流体抵抗網法

第8章

Excel VBA を使った熱回路網法プログラム例

8.1　Excel VBA を使って連立方程式を解く

　熱回路網法は 4.2 節で説明したように、電気回路手法を使って熱の問題を解くものです。節点（node）と呼ばれる熱抵抗の結合点に成り立つエネルギー保存則から「節点方程式」を未知数個数分立てて、連立させて解きます。節点方程式の導出過程は 4.2 節で説明しましたので、ここでは組み立てた節点方程式をコンピュータで解く方法について説明します。

　4.2 節で導いた以下の 4 つの節点方程式（図 8.1）をコンピュータで解くには、配列に格納しマトリクス演算を行います。

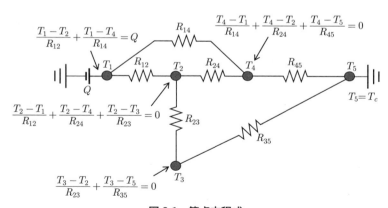

図 8.1　節点方程式

$$\frac{T_1 - T_2}{R_{12}} + \frac{T_1 - T_4}{R_{14}} = Q$$

$$\frac{T_2 - T_1}{R_{12}} + \frac{T_2 - T_4}{R_{24}} + \frac{T_2 - T_3}{R_{23}} = 0$$

$$\frac{T_3 - T_2}{R_{23}} + \frac{T_3 - T_5}{R_{35}} = 0$$

$$\frac{T_4 - T_1}{R_{14}} + \frac{T_4 - T_2}{R_{24}} + \frac{T_4 - T_5}{R_{45}} = 0$$

$$T_5 = T_c$$

これらの式をマトリクス形式で表すと、以下のようになります。

$$\begin{bmatrix} \frac{1}{R_{12}} + \frac{1}{R_{14}} & -\frac{1}{R_{12}} & 0 & -\frac{1}{R_{14}} & 0 \\ -\frac{1}{R_{12}} & \frac{1}{R_{12}} + \frac{1}{R_{23}} + \frac{1}{R_{24}} & -\frac{1}{R_{23}} & -\frac{1}{R_{24}} & 0 \\ 0 & -\frac{1}{R_{23}} & \frac{1}{R_{23}} + \frac{1}{R_{35}} & 0 & -\frac{1}{R_{35}} \\ -\frac{1}{R_{14}} & -\frac{1}{R_{24}} & 0 & \frac{1}{R_{14}} + \frac{1}{R_{24}} + \frac{1}{R_{45}} & -\frac{1}{R_{45}} \\ 0 & 0 & 0 & 0 & 1 \end{bmatrix} \begin{bmatrix} T_1 \\ T_2 \\ T_3 \\ T_4 \\ T_5 \end{bmatrix} = \begin{bmatrix} Q \\ 0 \\ 0 \\ 0 \\ T_c \end{bmatrix}$$

(式 8.1)

T_5 は既知数 T_c なので、代入すると、以下のように変形できます。

$$\begin{bmatrix} \frac{1}{R_{12}} + \frac{1}{R_{14}} & -\frac{1}{R_{12}} & 0 & -\frac{1}{R_{14}} \\ -\frac{1}{R_{12}} & \frac{1}{R_{12}} + \frac{1}{R_{23}} + \frac{1}{R_{24}} & -\frac{1}{R_{23}} & -\frac{1}{R_{24}} \\ 0 & -\frac{1}{R_{23}} & \frac{1}{R_{23}} + \frac{1}{R_{35}} & 0 \\ -\frac{1}{R_{14}} & -\frac{1}{R_{24}} & 0 & \frac{1}{R_{14}} + \frac{1}{R_{24}} + \frac{1}{R_{45}} \end{bmatrix} \begin{bmatrix} T_1 \\ T_2 \\ T_3 \\ T_4 \end{bmatrix} = \begin{bmatrix} Q \\ 0 \\ \frac{T_c}{R_{35}} \\ \frac{T_c}{R_{45}} \end{bmatrix}$$

(式 8.2)

左辺の係数行列を「熱伝導マトリクス」、未知数 T の列を温度ベクトル、右辺を荷重ベクトルと呼びます。これらを配列に格納して、掃き出し法などの連立方程式の解法を用いれば、プログラムで解を求めることができます。

8.2 VBA による熱回路網法プログラム

ここでは Excel に組み込まれている、Visual Basic for Applications（以下 VBA）を使って作成したマクロプログラムを組み込んで連立方程式を解く方法を紹介します。

このプログラムは「SOLVE」という名前のマクロで、これを実行すると、アクティブなシートに記述されたデータを読み取って、熱伝導マトリクスを組み立て、連立方程式を解いてシートに解を記入します。

プログラムのソースコードを以下に示しますので、まずこのコードを Excel に入力してください。

```
    Sub SOLVE()

    ' 型宣言
    Dim NN As Integer      '節点数
    Dim NE As Integer      '要素数
    Dim NW As Integer      '発熱数
    Dim NT As Integer      '固定温度数
    Dim N1 As Integer      '節点1
    Dim N2 As Integer      '節点2
    Dim el As Double       '要素
    Dim A() As Double      '熱伝導マトリクス
    Dim B() As Double      '荷重ベクトル
    Dim X() As Double      '温度ベクトル
    Dim RP As Integer      '反復回数
    Dim COL1 As Integer
    Dim COL2 As Integer
    Dim COL3 As Integer

    '------------------
    ' データ入力
    '------------------
     COL1 = 4              'EXCELシートの全体情報データカラム
     COL2 = 6              'EXCELシートの要素データカラム-1
     COL3 = 2              'EXCELシートの解表示カラム飛び行数

     NN = Cells(COL1, 1)    '節点数
     NE = Cells(COL1, 2)    '要素数
     NW = Cells(COL1, 3)    '発熱節点数
     NT = Cells(COL1, 4)    '温度固定点数
     RP = Cells(COL1, 5)    '計算反復回数
```

```vba
'--------------------------反復計算開始------------------------

For rep = 1 To RP      '指定反復回数だけ繰り返す

' 配列宣言
   ReDim A(NN, NN)     '熱伝導マトリクス
   ReDim B(NN)         '荷重ベクトル
   ReDim X(NN)         '温度ベクトル

'----------------------------------------
'   マトリクスの組み立て
'----------------------------------------

' 熱伝導マトリクスの組み立て
   For i = 1 To NE
      N1 = Cells(i + COL2, 1)
      N2 = Cells(i + COL2, 2)
      el = Cells(i + COL2, 3)
      A(N1, N2) = A(N1, N2) - el
      A(N2, N2) = A(N2, N2) + el
      A(N2, N1) = A(N2, N1) - el
      A(N1, N1) = A(N1, N1) + el
   Next i

' 発熱量の処理
   For i = 1 To NW
      num = Cells(i + COL2, 4)
      B(num) = B(num) + Cells(i + COL2, 5)
   Next i

' 温度固定の処理
   For i = 1 To NT
      num = Cells(i + COL2, 6)
      A(num, num) = 1
      B(num) = Cells(i + COL2, 7)

      For J = 1 To num - 1
         A(num, J) = 0
      Next J

      For J = num + 1 To NN
         A(num, J) = 0
      Next J

   Next i
```

```
'----------------------------------------
'    連立方程式を解く
'----------------------------------------

'   <前進消去>

    For L = 1 To NN - 1
         P = A(L, L)
      For J = L + 1 To NN
          A(L, J) = A(L, J) / P
      Next J
          B(L) = B(L) / P
      For i = L + 1 To NN
          Q = A(i, L)
          For J = L + 1 To NN
              A(i, J) = A(i, J) - Q * A(L, J)
          Next J
              B(i) = B(i) - Q * B(L)
      Next i
    Next L

'   <後退代入>

    X(NN) = B(NN) / A(NN, NN)

    For L = NN - 1 To 1 Step -1
        S = B(L)
      For J = L + 1 To NN
          S = S - A(L, J) * X(J)
      Next J
          X(L) = S
    Next L

'----------------------------------------
'    計算結果出力
'----------------------------------------

'タイトル
    Cells(NE + COL2 + COL3, 1) = "節点番号"
    Cells(NE + COL2 + COL3, 2) = "温度"

'計算結果
    For i = 1 To NN
    Cells(NE + COL2 + COL3 + i, 1) = i
    Cells(NE + COL2 + COL3 + i, 2) = X(i)

Next rep
```

```
'------------------反復計算終了------------------
End Sub
```

ソースコードの入力が終わったら、図 8.2 に示すような熱回路網データ入力シートを作成してください。

	A	B	C	D	E	F	G
1	熱回路網法計算シート						
2							
3	節点数	要素数	発熱節点数	温度固定節点数	計算反復回数		
4 (4行目⇒)	7	11	2	1	5		
5							
6	節点1	節点2	熱コンダクタンス	発熱節点番号	発熱量	固定点番号	固定温度
7 (7行目⇒)	1	2	0.12	2	5	7	25
8	2	3	0.12	6	3		
9	3	4	0.12				
10	4	5	0.12				
11	5	6	0.12				
12	1	7	0.027				
13	2	7	0.027				
14	3	7	0.027				
15	4	7	0.027				
16	5	7	0.027				
17	6	7	0.027				
18 (解の表示⇒ (1行空く))							
19	節点番号	温度					
20	1	75.67156982					
21	2	87.07267761					
22	3	70.77346039	⎫				
23	4	64.77326965	⎬ マクロを実行すると表示される				
24	5	67.72206116					
25	6	80.28330994	⎭				
26	7	25					

図 8.2 Excel 熱回路網データ入力シート

4 行目の A ～ D 列にはモデル基本情報を指定します。具体的には節点数、要素数、発熱する節点の数、温度を固定する節点の数を入力します。7 行目以降の A ～ C 列には要素で接続される 2 つの節点番号とその間の熱コンダクタンス〔W/K〕を入力します。

ここで入力する要素の数（7 行目以降の行数）は、4 行目で入力した要素数と一致していなければなりません。

7 行目以降の D ～ E 列を使って、発熱する節点を定義します。まず D 列に発熱する節点の番号、E 列にその発熱量〔W〕を入力します。

7 行目以降の F ～ G 列は、温度を固定する節点の定義を行います。F 列は節点番号、G 列は固定する温度〔℃〕の値です。

数値入力が終了したら、「開発」タブの「マクロ」からマクロ「SOLVE」を選んで実行します。マクロによって演算が行われ、入力シートの下部に「節点

8.3　追加すると便利な機能

Excel ではマクロの起動をボタンなどの図形に定義することができます。

例えば、「計算」と表記した四角形に「マクロの登録」を行えば、この図形をクリックすることによってマクロを起動でき、手順を省略できます。

また、節点数や要素数はデータを入れてみないと数字が決まりませんし、数が多くなるとカウントも手間がかかります。

そこで、プログラムの最初に、節点数や要素数をカウントして、入力シートの4行目に自動的に記入する処理を入れることでカウントの手間が省けます。

以下にプログラム例を示します。

```
'------------------------------------
'    データ数のカウント
'------------------------------------
atai = 1000    '---- 終了判定 初期値
ataimax = 0    '---- 節点番号最大値 初期値
elem = 0       '---- 要素数 初期値
i = 1

'---------------要素数、節点数のカウント----------------
While Not (atai = 0)
   atai1 = Cells(COL2 + i, 1)
   atai2 = Cells(COL2 + i, 2)
   If Val(ataimax) <= Val(atai1) Then ataimax = atai1
   If Val(ataimax) <= Val(atai2) Then ataimax = atai2
    atai = Val(atai1) * Val(atai2)
    i = i + 1
 Wend

elem = i - 2
Cells(4, 1) = ataimax
Cells(4, 2) = elem

'---------------発熱数のカウント----------------
i = 1
atai = 100

While Not (atai = 0)
   atai = Val(Cells(COL2 + i, 4))
```

```
        i = i + 1
    Wend

    hatu = i - 2
    Cells(4, 3) = hatu

    '----------------温度固定数のカウント----------------
    i = 1
    atai = 100

    While Not (atai = 0)
       atai = Val(Cells(COL2 + i, 6))
         i = i + 1
    Wend

    kotei = i - 2
    Cells(4, 4) = kotei
    '---------------- カウント処理の終了
```

第 9 章
熱回路網法で定常熱解析を行う

第 8 章で作成した熱回路網法プログラムを使って解析を行ってみましょう。

熱回路網法の使い方には、形状が決まっていない状態で行う概念（論理）モデルの解析と、ある程度形が決まった状態で行う形状（物理）モデルの解析があります。

ここでは簡単な形状モデルから説明します。

9.1 アルミプレート上の発熱体の温度を求める

最初は図 9.1 に示すアルミプレートの定常温度を求める線形問題です。

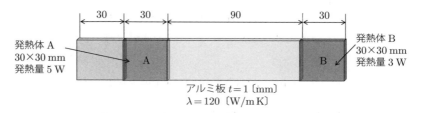

図 9.1 2 つの発熱体が設けられたアルミプレート

幅 180 × 高さ 30 mm、厚み 1 mm で熱伝導率が 120 W/(m K) のアルミプレートの 2 ヶ所（A, B）に 30 × 30 mm の発熱体が埋め込まれているとします。発熱体 A が 5 W、B が 3 W 発熱すると、各部の温度はどのような分布になるか計算します。

まず対象物をいくつかの領域（セル）に分割します。分割の仕方は自由です。しかし、熱回路網法ではセル内の温度は均一と考えた計算を行うため、温

度差が大きそうな場所は少し細かく分けた方がいいでしょう。分割が粗いと、その領域内の平均温度が計算されます。ここでは、板の上下方向にはあまり温度差を生じないと考え、横方向にのみ 30 × 30 mm の大きさで 6 分割することにします。

熱源が上下に偏る場合など、温度差ができることが予想される場合には、上下方向にも分割した方がいいでしょう。

次にセル内の温度を代表する点（節点）を重心位置（板厚の中央）に配置し、番号を付けます。節点はセルの境界に設けることもできますが、熱容量を与える場合には重心に置いた節点に付加します。番号の付け方は自由ですが、飛び番がないようにします。計算にあたっては、どこかの温度が固定されないと、不定問題になってしまうため「温度固定」が必要になります。一般に温度固定される場所は、周囲空気などです。温度固定される場所にも節点が必要なので、空気に節点 7 を設けます。

この節点は空気全体を表す節点で、場所は特定されません。周囲空気温度を均一とみなした仮想的な節点になります（図 9.2）。

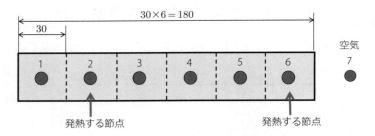

図 9.2　節点の配置（各セルの重心に節点を配置する）

最後に節点間を熱抵抗で結び、熱抵抗値を計算します（図 9.3）。

互いに境界面で接する節点どうしを熱抵抗で結合します。この例では境界面で接している節点 1-2、節点 2-3、節点 3-4、節点 4-5、節点 5-6 が、熱伝導抵抗で結ばれます。二次元、三次元の節点配置においてもこのルールが守られます。

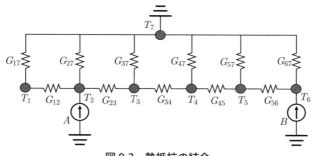

図 9.3 熱抵抗の結合

例えば、図 9.4 (a) のような二次元の配置では、互いに境界面を接する 1-2、1-3、2-4、3-4 が結合され、境界面を共有しない 1-4、2-3 は結合しません。

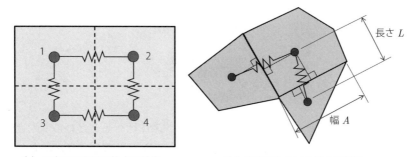

(a) 二次元配置での節点の結合　　(b) 多角形セルでの節点の結合

図 9.4　二次元配置と多角形配置の例

また、セルは必ずしも四角形である必要はありません。図 9.4 (b) のように多角形で分割した場合も同じルールで結合されます。この場合の節点間の距離（長さ）は重心に設けた 2 つの節点から境界面へ降ろした垂線の長さの合計になります。

熱伝導コンダクタンス（熱抵抗の逆数）は、第 2 章で説明した（式 2.4）のとおり、以下の式で計算できます。この例では、伝熱面積はセルの境界面なので、0.03×0.001 m、熱伝導率は 120 W/(m K)、長さは 0.03 m となります。

$$\text{熱コンダクタンス}G = \frac{\text{伝熱面積} \times \text{熱伝導率}}{\text{長さ}}$$
$$= \frac{0.03 \times 0.001 \times 120}{0.03}$$
$$= 0.12 \ [\text{W/K}]$$

　節点は等間隔で配置されており、境界面の面積や熱伝導率は同じなので、すべての熱伝導コンダクタンスは同じ値になります。

　各セルの表面は空気に接しており、ここからも対流で熱が移動します。また、同時熱放射によっても放熱します。対流と熱放射は独立した伝熱であり、2つの熱抵抗は並列に構成されます。

　節点はプレートの中央に配置しているため、本来はプレート中心から表面までの熱伝導抵抗を考慮する必要があります。この場合は、断面積が 30×30 mm、長さが厚みの半分なので、以下の式で求められます。

$$\text{熱コンダクタンス}G = \frac{\text{伝熱面積} \times \text{熱伝導率}}{\text{長さ}}$$
$$= \frac{0.03 \times 0.03 \times 120}{0.0005}$$
$$= 216 \ [\text{W/K}]$$

　しかし、表面の対流、放射の熱コンダクタンスに比べるときわめて大きい（熱抵抗が小さい）ので、無視しても結果にほとんど影響しません。もちろん、熱伝導率が小さく、厚みが大きい板であれば影響が出るので、考慮しなければなりません。ここでは省略します。

　節点から表面までの内部熱伝導を無視すると、固体表面から空気への対流、放射熱伝達率だけを考慮すればいいことになります。これら熱伝達率は温度依存性があるため、熱コンダクタンスは温度の関数になりますが、ここでは、両者を固定値として計算します。自然対流熱伝達率を $10 \ \text{W}/(\text{m}^2\text{K})$、放射熱伝達率を $5 \ \text{W}/(\text{m}^2\text{K})$ と考え、総合熱伝達率 $= 15 \ [\text{W}/(\text{m}^2\text{K})]$ とします。対流は空気への伝熱、放射は周囲環境（壁面）との熱交換ですが、ここでは空気を含めた環境温度を 25 ℃とし、合計した熱伝達率を使用します。

　第2章の（式2.7）と（式2.16）を適用すると、各セル表面から環境への熱コンダクタンスは、以下のように計算できます。表面積は表裏2面を考慮し、

ここでは端面の表面積は無視しています。

$$\begin{aligned}
\text{熱コンダクタンス } G &= \text{セルの表面積} \times (\text{対流熱伝達率} + \text{放射熱伝達率}) \\
&= 0.03 \times 0.03 \times 2 \times (10 + 5) \\
&= 0.027 \, [\text{W/K}]
\end{aligned}$$

この例では各セルの表面積はすべて同じとします。

これで熱コンダクタンスがすべて求められましたので、Excel熱回路網法データシートに入力します（図8.2）。

計算を行うためには、これに「境界条件」を与える必要があります。この例題では、節点2が5W、節点6が3Wで発熱するので、発熱点番号の欄に発熱する節点の番号、発熱量の欄にそれぞれの発熱量を入力します。

また、周囲空気である節点7の温度を25℃に固定するので、温度固定番号に7、固定温度に25℃を入力します。

8.3節で紹介した節点・要素数自動カウントプログラムを組み込んであれば、このままマクロプログラム「SOLVE」を実行すると、入力したデータの下に解が表示されます（図8.2）。

計算した温度分布をグラフ化すると、図9.5のように、熱源である節点2、節点6の温度が高くなることがわかります。

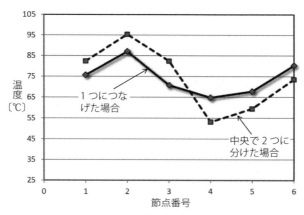

図9.5 アルミプレートの温度分布

アルミプレートを中央で切断して、右と左を独立に冷却したときの温度も計算してみましょう。この計算は簡単で、節点 3 と節点 4 の熱伝導コンダクタンスを 0 とするだけです（図 9.6）。この結果、左右それぞれのプレートに発生した発熱量を別々に放熱しなければならなくなるため、発熱量の大きい左側の温度は上がり、右側の温度は下がることがわかります（図 9.5 の破線のグラフ）。

節点1	節点2	熱コンダクタンス
1	2	0.12
2	3	0.12
3	4	0
4	5	0.12
5	6	0.12

図 9.6　アルミプレートを右と左に分離する

9.2　熱伝達率の非線形性を考慮した計算を行う

ここまでは最も簡単な線形計算の熱回路網法について説明しました。しかし、伝熱計算では自然対流や放射など温度依存を持つ熱コンダクタンスが多く、これをモデルに組み込まないと、正確な計算はできません。そこで非線形性を持つ熱コンダクタンスの扱い方について説明します。

9.1 節では自然対流、放射の熱伝達率を固定値として計算しましたが、これらは第 2 章で説明したとおり、温度依存性のある以下の式で表されます。

$$自然対流熱伝達率 = 2.51 \times 係数 K \times \left(\frac{壁面温度 - 流体温度}{代表長さ L}\right)^{0.25}$$

$$放射伝達率 = \sigma \times 放射係数 \times (表面絶対温度^2 + 環境絶対温度^2)$$
$$\times (表面絶対温度 + 環境絶対温度)$$

鉛直面の自然対流の式を適用すれば、第 2 章表 2.1 より、係数 K は 0.56、代表長さ L は高さ（0.03 m）となります。また、ここでは「放射係数＝プレートの放射率」と考え、値は 0.8 としました。

Excel では表のセルの値を使って式を定義することができます。そこで、計算した結果（解）を使って熱コンダクタンス式を定義します。

具体的な入力例を図 9.7 に示します。

例えば、12 行目の節点 1 と節点 7 の対流熱コンダクタンス式には以下のよ

9.2 熱伝達率の非線形性を考慮した計算を行う

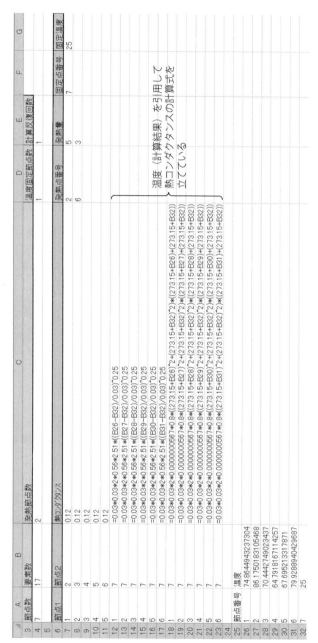

図 9.7　計算結果を使って熱コンダクタンス式を定義する

うな式が設定されています。

```
=0.03*0.03*2*0.56*2.51*((B26-B32)/0.03)^0.25
```

ここでB26セルには節点1の温度が、B32セルには節点7の温度が定義されています。また、18行目の節点1と節点7の放射熱コンダクタンス式には以下のような式が設定されています。

```
=0.03*0.03*2*0.0000000567*0.8*((273.15+B26)^2+
    (273.15+B32)^2)*((273.15+B26)+(273.15+B32))
```

解である温度は摂氏〔℃〕で表現されるため、273.15を足して、絶対温度〔K〕に変換しています。

節点1と節点7の熱コンダクタンスの定義が2回出てきますが、このプログラムでは同じ節点間の熱コンダクタンスが複数回定義されると、熱コンダクタンスを足し込んでいくため、対流と放射の熱コンダクタンスが並列合成されます。

対流と放射を式の上でまとめて、以下のように表現しても同じことになります。

```
=0.03*0.03*2*(0.56*2.51*((B26-B32)/0.03)^0.25+
    0.0000000567*0.8*((273.15+B26)^2+(273.15+B32)^2)*
    ((273.15+B26)+(273.15+B32)))
```

このように熱コンダクタンスを計算結果である温度を引用して定義しておくと、最初は温度の初期値（適当に入力された値）を使って温度を求め、2回目はその温度を使って解を求めます。つまり、これを反復することにより、解を収束させることができます。

熱回路網法データ入力シートの「計算反復回数」に反復回数を指定すると1回の実行で複数回の演算を行います。反復計算のたびに計算結果が変化するので、目で見て収束の判定を行うことができます。

図9.8に計算結果を示します。総合熱伝達率＝15〔W/(m^{2}K)〕で計算した結果（図8.2）と大きくは変わっていないことがわかります。

節点数	要素数	発熱節点数	温度固定節点数	計算反復回数
7	17	2	1	10

節点1	節点2	熱コンダクタンス	発熱点番号	発熱量	固定点番号	固定温度
1	2	0.12	2	5	7	25
2	3	0.12	6	3		
3	4	0.12				
4	5	0.12				
5	6	0.12				
1	7	0.01615294				
2	7	0.01700029				
3	7	0.01578231				
4	7	0.01526664				
5	7	0.01553794				
6	7	0.01654855				
1	7	0.01107834				
2	7	0.01170169				
3	7	0.01084244				
4	7	0.01054691				
5	7	0.01069786				
6	7	0.01135399				

節点番号	温度
1	74.84145
2	86.15185
3	70.42208
4	64.77025
5	67.67352
6	79.90659
7	25

図 9.8 温度依存性（非線形性）を考慮した計算結果

9.3 局所熱伝達率を用いて計算を行う

9.2 節では、空気の流れ方向に領域を 1 分割しかしていないため、プレート全体に一様な平均熱伝達率を使って計算しました。次に図 9.9 のようにアルミプレートを縦長にして鉛直に置いた場合の温度について計算してみましょう。この置き方では、空気が節点 1 から 6 に向かって流れるため、節点 1 は風上、節点 6 は風下になります。そうなると、プレート表面にできる温まった空気層（温度境界層と呼ばれる）の厚みが節点 1 から節点 6 に向かって増加していくため、対流熱伝達率が変化します。これを考慮するには局所熱伝達率を使います。

第 9 章 熱回路網法で定常熱解析を行う

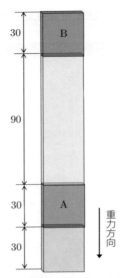

図 9.9　縦長に鉛直に置いたアルミプレート

　局所熱伝達率は第 2 章表 2.1 に示すとおり、係数 $K=0.45$、代表長さは各節点の前縁（この例では下端）から重心までの距離をとります（図 9.10）。

	A	B	C
3	節点数	要素数	発熱節点数
4	7	17	2
5			
6	節点1	節点2	熱コンダクタンス
7	1	2	0.12
8	2	3	0.12
9	3	4	0.12
10	4	5	0.12
11	5	6	0.12
12	1	7	=0.03*0.03*2*0.45*2.51*((B26-B32)/0.015)^0.25
13	2	7	=0.03*0.03*2*0.45*2.51*((B27-B32)/0.045)^0.25
14	3	7	=0.03*0.03*2*0.45*2.51*((B28-B32)/0.075)^0.25
15	4	7	=0.03*0.03*2*0.45*2.51*((B29-B32)/0.105)^0.25
16	5	7	=0.03*0.03*2*0.45*2.51*((B30-B32)/0.135)^0.25
17	6	7	=0.03*0.03*2*0.45*2.51*((B31-B32)/0.165)^0.25
18	1	7	=0.03*0.03*2*0.0000000567*0.8*((273.15+B26)^2+(273.15+B32)^2)*((273.15+B26)+(273.15+B32))
19	2	7	=0.03*0.03*2*0.0000000567*0.8*((273.15+B27)^2+(273.15+B32)^2)*((273.15+B27)+(273.15+B32))
20	3	7	=0.03*0.03*2*0.0000000567*0.8*((273.15+B28)^2+(273.15+B32)^2)*((273.15+B28)+(273.15+B32))
21	4	7	=0.03*0.03*2*0.0000000567*0.8*((273.15+B29)^2+(273.15+B32)^2)*((273.15+B29)+(273.15+B32))
22	5	7	=0.03*0.03*2*0.0000000567*0.8*((273.15+B30)^2+(273.15+B32)^2)*((273.15+B30)+(273.15+B32))
23	6	7	=0.03*0.03*2*0.0000000567*0.8*((273.15+B31)^2+(273.15+B32)^2)*((273.15+B31)+(273.15+B32))

行 12〜17：対流部分を局所熱伝達率の式で定義する

図 9.10　縦長に鉛直に置いたアルミプレートの Excel での計算式

　計算の結果は図 9.11 に示すとおり、高さ 30 mm で鉛直に置いた場合に比べると温度が上がっています。縦長に置くことにより、上部の温度境界層の厚み

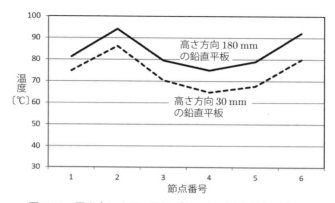

図 9.11　置き方によるアルミプレートの温度分布の違い

が増して熱が逃げにくくなる（熱伝達率が小さくなる）ためです。

また、局所熱伝達率を使わずに、平均熱伝達率（熱伝達率計算に使用する代表長さは 0.18 m で固定）のみで計算した場合と結果を比較したのが図 9.12 です。

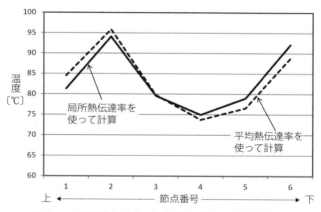

図 9.12　局所熱伝達率と平均熱伝達率の結果の違い

局所熱伝達率を使うことで、下部の温度が低く、上部の温度が高くなっています。プレートの熱伝導率が大きくなると、平均熱伝達率と局所熱伝達率の差は小さくなります。

9.4 熱回路網によるパラメータの評価（サーマルビアの本数を決める）

ここまで形状をベースにした熱回路モデルの作成方法について説明してきましたが、熱回路網法は複雑な形状を忠実にモデル化するよりも、設計パラメータレベルのラフモデルで特性検討を行うのに向いています。

例えば、図 9.13 に示すプリント基板上の部品の放熱経路について考えてみましょう。

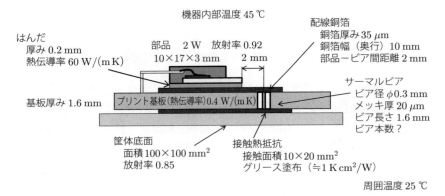

図 9.13　部品の放熱経路の例

この部品の熱は、はんだ付け部を経由して銅箔に逃げ、銅箔からサーマルビアを経由して基板裏面に伝わり、接触部を介して筐体裏面から放熱するものとします。このとき、サーマルビアをどの程度の本数にすれば効果的に冷却できるかを検討します。

まず、熱回路モデルを作成します（図 9.14）。部品の熱は最終的には周囲の空気に到達するので、そこまでどのように熱が伝わるかを考えます。

熱源は節点 1 として部品表面の温度を代表します。部品の熱ははんだを介して、部品直下の基板銅箔（節点 2）に伝わります。そこから表層銅箔を伝わってサーマルビア上面（節点 3）に逃げる熱と、プリント基板の熱伝導で基板裏面の銅箔（節点 4）に逃げる熱に分かれます。

サーマルビアに伝わった熱は、ビアを介して基板裏面の銅箔（節点 4）に逃げ、基板を伝わってきた熱と合流します。

裏面銅箔はサーマルグリースを介して筐体底面（節点 5）に伝わり、裏面の

9.4 熱回路網によるパラメータの評価（サーマルビアの本数を決める） | 105

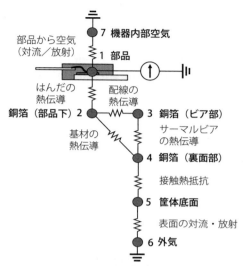

図 9.14　部品の放熱経路の熱回路モデル

表面から空気（節点6）に伝わります。また、部品表面から機器内部空気に対流と放射で逃げる熱もあるため、節点1と節点7も結合されます。

こうして大雑把な熱回路モデルを作ります。このモデル作成のコツは、熱抵抗の小さい部分を省略することです。例えば、筐体底面の厚み分の熱伝導抵抗は省略しています。金属であればほぼ無視できますが、樹脂筐体では考慮する必要があります。銅箔表面からの対流、放射による放熱も表面積が小さいため無視しています。このような判別が難しいようであれば、最初は考えられる熱コンダクタンスをすべて入れてみて、値の小さいものを削っていくのがいいでしょう。

次に、各部の熱コンダクタンスを計算します。熱伝導コンダクタンスは、すべて「断面積×熱伝導率／長さ」で計算できます。

● 節点1-節点2

　　はんだ部の熱伝導コンダクタンス
　　　＝はんだ断面積(部品底面積)×はんだの熱伝導率／はんだの厚み
　　　$= 0.01 \times 0.017 \times 60 / 0.0002 = 51$〔W/K〕

これは値が大きいので節点1と節点2は分けなくても（同じ温度とみなしても）かまいません。節点1と節点2はほぼ同じ温度になります。

- 節点 2-節点 3

    配線の熱伝導コンダクタンス

    = 銅箔の断面積×銅の熱伝導率 / 部品からビアまでの配線の長さ

    $= 0.01 \times 0.000035 \times 380/0.002 = 0.0665$ 〔W/K〕

- 節点 2-節点 4

    基材の熱伝導コンダクタンス

    = 銅箔の断面積 (ここでは部品底面積)×基材熱伝導率 (厚み方向)/ 基板の厚み

    $= 0.01 \times 0.017 \times 0.4/0.0016 = 0.0425$ 〔W/K〕

- 節点 3-節点 4

    サーマルビアの熱伝導コンダクタンス

    = ビアメッキの断面積×ビア本数×銅の熱伝導率 / 基板の厚み

    $= 0.0003 \times \pi \times 0.00002 \times 10 \times 380/0.0016$ 〔W/K〕

- 節点 4-節点 5

    銅箔と筐体の接触熱抵抗 (サーマルグリース)

    第 3 章の表 3.1 より、グリース塗布では接触熱抵抗を $1\,\mathrm{Kcm^2/W}$ と考え、接触熱コンダクタンス $= 1$ 〔W/cm^{2}K〕$\times 2$ 〔cm^2〕$= 2$ 〔W/K〕

表面から空気への対流と放射は、「表面積×熱伝達率」で計算できます。9.2 節で説明した温度依存性を考慮した式での定義を行います。

- 節点 1-節点 7

    部品表面の対流 + 放射熱コンダクタンス

    = 部品の表面積× (対流熱伝達率 + 放射熱伝達率)

    = 部品表面積 $\times (2.51 \times 0.56 \times ((節点1温度 - 節点7温度)/ 代表長さ)^{0.25}$
    $+ 5.67 \times 10^{-8} \times 0.92 \times ($ 節点 1 絶対温度 $^2 +$ 節点 7 絶対温度 $^2)$
    $\times ($節点 1 絶対温度 $+$ 節点 7 絶対温度$))$

- 節点 5-節点 6

    筐体底面の対流 + 放射熱コンダクタンス

    = 筐体の底面積× (対流熱伝達率 + 放射熱伝達率)

    = 筐体の底面積 $\times (2.51 \times 0.27 \times ((節点5温度 - 節点6温度)/ 代表長さ)^{0.25}$
    $+ 5.67 \times 10^{-8} \times 0.85 \times ($節点 5 絶対温度$^2 +$ 節点 6 絶対温度$^2)$
    $\times ($節点 5 絶対温度 $+$ 節点 6 絶対温度$))$

9.4 熱回路網によるパラメータの評価(サーマルビアの本数を決める)

以上の結果を熱回路網法データ入力シートに入れて計算した結果を、図 9.15 に示します。サーマルビアの本数および部品とビアとの距離をパラメータとして計算するために、2 つの値を熱コンダクタンス式の外に出して参照するようにしてあります。

節点数	要素数	発熱節点数	温度固定節点数	計算反復回数
7	7	1	2	10

節点1	節点2	熱コンダクタンス	発熱点番号	発熱量	固定点番号	固定温度
1	2	51	1	2	6	25
1	7	0.006146454	部品表面放熱		7	45
2	3	0.0665	配線熱伝導			
2	4	0.0425	基板熱伝導			
3	4	0.089535391	サーマルビア			
4	5	2	接触熱抵抗		ビア本数	20
5	6	0.083205013	筐体底面放熱		部品とビアの距離	0.002

節点番号	温度
1	70.90647888
2	70.87038422
3	57.77350998
4	48.04615402
5	47.12567139
6	25
7	45

図 9.15 部品の熱回路網計算結果

2 つのパラメータの標準値を、サーマルビア本数 = 15 本、部品とビアとの距離 = 2 [mm] とした場合、サーマルビアの本数を 30 本にするのと、部品とビアとの距離を 1 mm にするのとは、ほぼ同じ効果であることがわかります(図 9.16)。

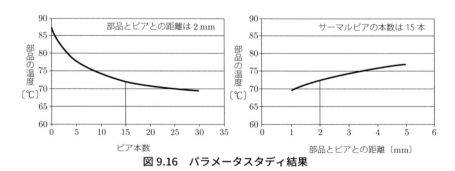

図 9.16 パラメータスタディ結果

このように、表面積、断面積、長さ、熱伝導率といった温度に影響を及ぼすパラメータを評価してから具体的な寸法に落とすことで、見通しのよい設計ができます。

第10章
熱回路網法で過渡解析を行う

10.1　VBA による非定常熱計算プログラム

　これまで、Excel で熱回路網法を使った定常熱解析を行ってきましたが、最近では温度の時間変化がわからないと設計できないケースも出てきました。

　温度の時間変動を解析するには、非定常解析（過渡解析）が必要になります。温度の時間変化を知るには、一定の時間に物体に蓄熱される熱エネルギーを考慮したエネルギーの保存を解きます。具体的には4.2節の（式4.7）のように、熱容量を含んだ節点方程式を解きます。

　8.2節に定常熱解析用の VBA プログラムを紹介しましたが、ここでは非定常熱解析に対応したプログラム（マクロ名「TRSOLVE」）を紹介します。

　「開発」タブから新しいマクロを作成します。そこに以下のソースコードを入力してください。

```
Sub TRSOLVE()
'非定常熱解析ソルバ

' 型宣言
Dim NN As Integer       '節点数
Dim NE As Integer       '要素数
Dim NW As Integer       '発熱数
Dim NT As Integer       '固定温度数
Dim NC As Integer       '熱容量保有節点数
Dim N1 As Single        '節1
Dim N2 As Single        '節2
Dim el As Double        '要素
Dim capa As Double      '熱容量
Dim A() As Double       '熱伝導マトリクス
Dim B() As Double       '荷重ベクトル
```

10.1 VBAによる非定常熱計算プログラム

```vb
    Dim X() As Double           '現在の温度ベクトル
    Dim XP() As Double          '1ステップ前の温度ベクトル
    Dim TSTEP As Single         '時間刻み幅（秒）
    Dim TEND As Single          '終了時間（秒）
    Dim TN    As Integer        '反復回数
    Dim Row As Integer          '節点温度表示列


'------------------------
'   データ入力
'------------------------
    COL1 = 4                'EXCELシートの全体情報データカラム
    COL2 = 6                'EXCELシートの要素データカラム-1
    COL3 = 2                'EXCELシートの解表示カラム飛び行数

    NN = Cells(COL1, 1)     '節点数
    NE = Cells(COL1, 2)     '要素数
    NW = Cells(COL1, 3)     '発熱節点数
    NT = Cells(COL1, 4)     '温度固定節点数
    NC = Cells(COL1, 5)     '熱容量保有節点数
    RP = Cells(COL1, 6)     '計算反復回数

    TSTEP = Cells(COL1, 7)
    TEND = Cells(COL1, 8)

'配列宣言
    ReDim XP(NN)
    ReDim A(NN, NN)
    ReDim B(NN)
    ReDim X(NN)


'初期温度の設定

'----熱容量保有節点の初期温度の読み込み
    For i = 1 To NC
        CN = Cells(COL2 + i, 8)
        XP(CN) = Cells(COL2 + i, 10)
    Next i

'----温度固定節点の温度の読み込み

    For i = 1 To NT
        CN = Cells(COL2 + i, 6)
        XP(CN) = Cells(COL2 + i, 7)
    Next i
```

第10章　熱回路網法で過渡解析を行う

```
'初期温度の表示

  Cells(NE + COL2 + COL3, 1) = "現在時間"
  Cells(NE + NN + COL2 + COL3 + 3, 1) = "時間(s)"

  For i = 1 To NN
     Cells(NE + NN + COL2 + COL3 + 3, 1 + i) = "節点" + Str$(i)
  Next i
     Cells(NE + NN + 5 + COL2 + COL3 + Row - 1, 1) = "0"

  For i = 1 To NN
     Cells(NE + NN + 5 + COL2 + COL3 + Row - 1, i + 1) = XP(i)
  Next i



'====================================
'      時間ステップループの開始
'====================================

  Row = 2    '結果出力列

For TimeNow = TSTEP To TEND Step TSTEP

  Cells(1, 9) = "時間Step"
  Cells(1, 10) = TimeNow

'  熱伝導マトリクス係数処理
  For i = 1 To NE
     N1 = Cells(i + COL2, 1)
     N2 = Cells(i + COL2, 2)
     el = Cells(i + COL2, 3)

     A(N1, N2) = A(N1, N2) - el:
     A(N2, N2) = A(N2, N2) + el
     A(N2, N1) = A(N2, N1) - el
     A(N1, N1) = A(N1, N1) + el
  Next i

'熱容量の処理
  For i = 1 To NN
     N1 = Cells(COL2 + i, 8)
     capa = Cells(COL2 + i, 9)
     A(N1, N1) = A(N1, N1) + capa / TSTEP
     B(N1) = B(N1) + capa / TSTEP * XP(N1)

  Next i
```

```vba
'  発熱量処理
   For i = 1 To NW
     num = Cells(i + COL2, 4)
     B(num) = B(num) + Cells(i + COL2, 5)
   Next i

'  温度固定処理
   For i = 1 To NT
     num = Cells(i + COL2, 6)
     A(num, num) = 1
     B(num) = Cells(i + COL2, 7)
     For J = 1 To num - 1
       A(num, J) = 0
     Next J
     For J = num + 1 To NN
       A(num, J) = 0
     Next J
   Next i

'-----------------------------
'    行列演算開始
'-----------------------------
'   <前進消去>

   For L = 1 To NN - 1

     P = A(L, L)
     For J = L + 1 To NN
        A(L, J) = A(L, J) / P
     Next J
       B(L) = B(L) / P

     For i = L + 1 To NN
       Q = A(i, L)
       For J = L + 1 To NN
         A(i, J) = A(i, J) - Q * A(L, J)
       Next J
         B(i) = B(i) - Q * B(L)
     Next i
   Next L

'   <後退代入>

   X(NN) = B(NN) / A(NN, NN)

   For L = NN - 1 To 1 Step -1
     Cells(1, 14) = NN - L
```

第 10 章 熱回路網法で過渡解析を行う

```
        S = B(L)
        For J = L + 1 To NN
          S = S - A(L, J) * X(J)
        Next J
        X(L) = S
      Next L

'------------------------
'    温度の記録
'------------------------
      For i = 1 To NN
        XP(i) = X(i)
      Next i

'--------------------------------
'    結果の出力
'--------------------------------
'計算結果
'現在時間の結果表示

      Cells(NE + COL2 + COL3, 2) = TimeNow

      For i = 1 To NN
        Cells(NE + COL2 + COL3 + i, 1) = i
        Cells(NE + COL2 + COL3 + i, 2) = X(i)
      Next i

'時刻歴計算結果
      Cells(NE + NN + 3 + COL2 + COL3 + Row, 1) = TimeNow
      For i = 1 To NN
         Cells(NE + NN + 3 + COL2 + COL3 + Row, i + 1) = X(i)
      Next i

      Row = Row + 1

'配列クリア
      ReDim A(NN, NN)
      ReDim B(NN)
      ReDim X(NN)

Next TimeNow

'==================================
'    時間ステップループの終了
'==================================

End Sub
```

10.1 VBAによる非定常熱計算プログラム 113

　ソースコードの入力が終わったら、図 10.1 に示すような、非定常計算用の熱回路網データ入力シートを作成してください。このシートは、図 8.2 の定常用のデータ入力シートと書式は同じですが、新たに非定常計算に必要な 5 つのデータカラムが追加されています。

	A	B	C	D	E	F	G	H	I	J
1	熱回路網法計算シート(非定常熱計算専用)								時間Step	100
3	節点数	要素数	発熱節点数	温度固定節点数	熱容量保有節点数	計算反復回数	計算ステップ(s)	計算終了時間(s)		
4	7	17	2	1	6	1	10	100		
6	節点1	節点2	熱コンダクタンス	発熱点番号	発熱量	固定点番号	固定温度	熱容量節点番号	熱容量	初期温度(℃)
7	1	2	0.12	2	5	7	25	1	2.187	25
8	2	3	0.12	6	3			2	2.187	25
9	3	4	0.12					3	2.187	25
10	4	5	0.12					4	2.187	25
11	5	6	0.12					5	2.187	25
12	1	7	0.01498621					6	2.187	25
13	2	7	0.01602863							
14	3	7	0.01450832							
15	4	7	0.01382160							
16	5	7	0.01419773							
17	6	7	0.0154947							
18	1	7	0.01040087							
19	2	7	0.0109969							
20	3	7	0.0101737							
21	4	7	0.00989047							
22	5	7	0.01003964							
23	6	7	0.01067314							

熱容量を保有する節点の数を入力する
計算時間のステップ（刻み）と終了時間を入力する
節点の熱容量と初期温度を入力する

図 10.1　Excel 熱回路網データ入力シート（非定常用）

　H〜J 列の 7 行目から熱容量の情報を入力します。H 列は熱容量を持つ節点の番号、I 列はその熱容量の値〔J/K〕、J 列は初期温度（計算開始時の温度）です。また、G 列 4 行目には時間ステップ（計算の時間間隔）、H 列 4 行目には計算を終了する時間を秒の単位で入力します。E 列 4 行目の「熱容量保有節点数」には熱容量を指定した節点の数を入力します。

10.2 放熱プレートの温度上昇カーブを求める

最初に 9.1 節で定常計算を行ったアルミプレートの温度上昇カーブを求めてみましょう。図 9.7 の非線形熱コンダクタンスを定義したモデルで計算を行います。

熱回路モデルでは、熱容量（コンデンサ）は片側を接地した形式で節点に付加されます（図 10.2）。これは Cauer（カウアー）モデルと呼ばれています。

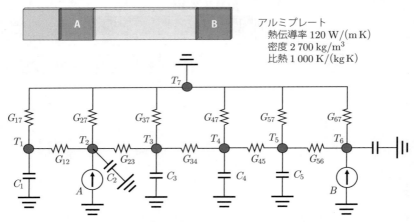

図 10.2　熱容量を加えたアルミプレートの等価回路

非定常計算のために、H 列に節点番号を入力します。ここには温度固定節点を除くすべての節点を入力してください。熱容量を与えなくても初期温度は設定する必要があるためです。

次に熱容量を入力します。熱容量は 3.5 節の（式 3.8）を用いて、以下のように計算できます。

$$\text{熱容量}~[\text{J/K}] = \text{体積}~[\text{m}^3] \times \text{密度}~[\text{kg/m}^3] \times \text{比熱}~[\text{J/(kg K)}]$$
$$= 0.03 \times 0.03 \times 0.001 \times 2\,700 \times 900 = 2.187~[\text{J/K}]$$

初期温度はすべて室温と同じと考え 25 ℃ とします。計算時間は 100 s の間とし、10 s ごとに計算します。

VBA マクロ「TRSOLVE」を実行すると、入力したデータエリアの下部に、図 10.3 に示す結果が表示されます。

現在時間	100
1	61.9276042
2	73.3248149
3	57.4378727
4	51.7187975
5	54.748135
6	67.2004546
7	25

毎計算時間の結果が時間とともに表示される

以下に時刻歴の計算結果が表示される

時間(s)	節点1	節点2	節点3	節点4	節点5	節点6	節点7
0	25	25	25	25	25	25	25
10	28.9930181	37.1150526	28.3785687	26.4944423	27.6292398	34.0868758	25
20	34.2639517	45.2154301	32.7233473	29.2467372	31.3326962	41.0395987	25
30	39.4155453	51.1677221	37.0006028	32.5421387	35.1938144	46.4606714	25
40	44.0833328	55.9537858	40.9711841	35.9543923	38.8967635	50.9007239	25
50	48.1944539	59.9835856	44.5750559	39.2466202	42.3169953	54.6537768	25
60	51.7758956	63.4486605	47.8078496	42.303642	45.4144424	57.8859454	25
70	54.8833196	66.454094	50.6850159	45.0795646	48.1873814	60.6981349	25
80	57.5758353	69.0687411	53.2304246	47.5656717	50.6514663	63.1572686	25
90	59.9079349	71.344664	55.4717326	49.7722789	52.8298084	65.3119663	25
100	61.9276042	73.3248149	57.4378727	51.7187975	54.748135	67.2004546	25

図 10.3　アルミプレートの非定常熱解析計算結果

　定常解析では、節点番号と対応する温度のみが表示されましたが、非定常解析では、同じ欄に時間ステップごとに温度を表示します。すぐに書き換わってしまうため、その履歴が下部に時刻歴データとして記録されます。

　計算結果をグラフ化したものを図10.4に示します。熱源である節点2、節点6の温度は急激に上昇しますが、熱源から離れた節点4は遅れて上昇することがわかります。

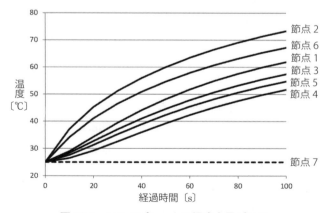

図 10.4　アルミプレートの温度上昇グラフ

　熱回路網法では、時間ステップを粗く切っても比較的計算誤差は少ないです。

図 10.5 は、計算時間幅 2 s（50 ステップ）、10 s（10 ステップ）、20 s（5 ステップ）、50 s（2 ステップ）、100 s（1 ステップ）と変化させたときの温度上昇カーブを表しています。時間刻みを 2～20 s と変化させてもそれほど大きな誤差にはならないことがわかります。

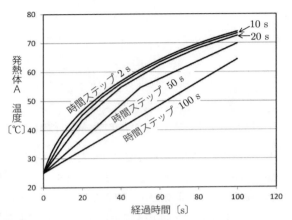

図 10.5　時間ステップ幅と結果の違い

10.3　Excel 関数を使ったさまざまな条件設定（時間・温度制御）

このプログラムは Excel マクロで動作しているため、Excel の関数や機能を使うことができます。これらを使うとさまざまな計算条件設定が比較的簡単にできます。

(1) 時間や温度によって発熱量を変える

10.2 節の非定常解析例では、発熱体 A, B の発熱量を 5 W, 3 W に固定しました。しかし、実際の部品の発熱量は時間とともに変動する場合があります。部品が間欠動作したり、一定時間だけ増加したりするような動作モードです。

部品の発熱量が時間軸に対して変動する状態を設定するには、Excel の LOOKUP 関数や VLOOKUP 関数を使用します。

10.3 Excel 関数を使ったさまざまな条件設定（時間・温度制御）

ここでは、図 10.6 のような動作パターンを扱います。発熱体 A には 10 s の間 10 W が印加され、その後 10 s の間は 0 W となります。一方、発熱体 B は最初の 10 s の間は 0 W で、その後 10 s の間 6 W が印加されるようなパターンです。これを繰り返すものとします。

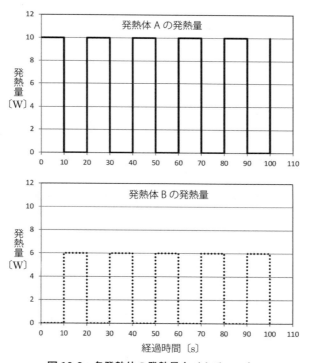

図 10.6　各発熱体の発熱量タイムチャート

まず、Excel シートに表 10.1 のような動作定義表を作成します。

表 10.1 発熱体の動作定義表

時間〔s〕	発熱量 A	発熱量 B
0	10	0
10	0	6
20	10	0
30	0	6
40	10	0
50	0	6
60	10	0
70	0	6
80	10	0
90	0	6
100	10	0

　この表は熱回路網法データ入力シート上でも、他のシートでもかまいません。

　次に、E7 セル、E8 セルに設定した発熱量を LOOKUP 関数により再定義します。LOOKUP 関数は、

```
=LOOKUP(検査値, 検査範囲, 対応範囲)
```

という形式で設定します。

　ここで「検査値」は現在の時間です。この例では B25 セルに計算中の現在時間が表示されるので、検査値は B25 です。「検査範囲」は検査値を対比する時間が記入されたテーブル上のデータ列で、E14：E24 になります（図10.7）。「対応範囲」はその時間に対応する発熱量が記載された列で、発熱体 A は F14：F24、発熱体 B は G14：G24 となります。

　したがって、発熱量 A の発熱を定義する E7 セルには、

```
=LOOKUP(B25, E14:E24, F14:F24)
```

発熱量 B の発熱を定義する E8 セルには、

```
=LOOKUP(B25, E14:E24, G14:G24)
```

を入力します。

10.3 Excel 関数を使ったさまざまな条件設定（時間・温度制御）

	D	E	F	G
6	発熱点番号	発熱量	固定点番号	固定温度
7	2	=LOOKUP(B25,E14:E24,F14:F24)	7	25
8	6	=LOOKUP(B25,E14:E24,G14:G24)		
9				
10				
11				
12				
13		時間（秒）	発熱量A	発熱量B
14		0	10	0
15		10	0	6
16		20	10	0
17		30	0	6
18		40	10	0
19		50	0	6
20		60	10	0
21		70	0	6
22		80	10	0
23		90	0	6
24		100	10	0

（LOOKUP 関数による発熱量の設定）

図10.7　LOOKUP 関数による発熱量の設定

計算結果の温度と時間に初期値を設定して計算を実行すると図10.8のような結果が得られます。

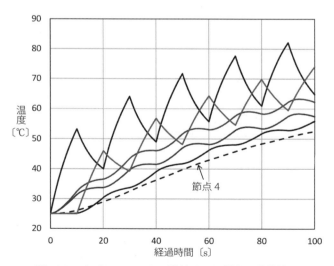

図10.8　タイムチャートで発熱させた場合の計算結果

熱源は発熱量に応じて上下を繰り返しますが、熱源から離れた節点 4 などでは平均化されてあまり温度変動しないことがわかります。

この計算では初期値を 25 ℃にしているため、周期的に温度変動しながら、徐々に全体の温度が上がっていきます。解析時間を長くすればやがて横ばいになりますが、それだと時間がかかってしまいます。その場合、平均発熱量で定常計算した結果（図 9.8 の結果）を初期値にすると、速く周期定常状態になります。

図 10.9 は定常状態の計算結果を初期温度として入力した例です。この状態から計算を行った結果が図 10.10 です。ほぼ横ばいになっていることがわかります。

熱容量 節点番号	熱容量	初期温度(℃)
1	2.187	74.84145355
2	2.187	86.15184784
3	2.187	70.42208099
4	2.187	64.77024841
5	2.187	67.67352295
6	2.187	79.90658569

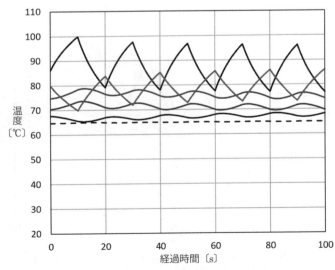

図 10.9　定常計算結果を初期温度に設定した例

図 10.10　定常計算結果を初期値にした非定常計算結果

表 10.2 は LOOKUP 関数を使って発熱量を抑制した例です。表のように、発熱体のない節点 4 の温度が 40 ℃を超えたら、1 ℃上がるごとに発熱体 A の発熱量を 0.2 W ずつ、発熱体 B の発熱量を 0.1 W ずつ減じていきます。

表 10.2　節点 4 の温度で発熱体 A、B の発熱量を抑制するパターン

発熱体 A の温度〔℃〕	発熱量 A〔W〕	発熱量 B〔W〕
25	5.0	3.0
40	4.8	2.9
41	4.6	2.8
42	4.4	2.7
43	4.2	2.6
44	4.0	2.5
45	3.8	2.4
46	3.6	2.3
47	3.4	2.2
48	3.2	2.1
49	3.0	2.0
50	2.8	1.9

計算の結果は図 10.11（a）に示すように、発熱体 A の温度は 60 ℃付近に抑えられます。発熱量は（b）に示すように温度上昇とともに減少していることがわかります。

このように、Excel の LOOKUP 関数や組み込み関数を使うことにより、熱コンダクタンス計算式にあるすべてのパラメータ（熱伝導率、比熱、密度、断面積、表面積、風速、放射率など）を時間や温度の関数として扱うことができます。

これらを組み合わせることによって、物質の相変化を解くことも可能となります。

第 10 章 熱回路網法で過渡解析を行う

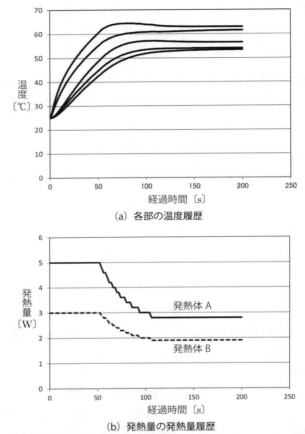

(a) 各部の温度履歴

(b) 発熱量の発熱量履歴

図 10.11 発熱体 A, B の発熱量を抑制した場合の温度上昇カーブ

第11章 電子機器筐体のモデル化基板と部品のモデル化

これまで単純なプレートの温度分布を中心に、Excel を使った熱回路網法の概要について説明してきました。ここからは電子機器を対象とした計算方法について説明します。

電子機器を対象にするには、その特徴である「筐体」、「基板」、「電子部品」の3つを扱わなければなりません。実際にはそれぞれ複雑な形状から構成されていて、まともに取り扱うには無理があります。

そこで、できるだけ熱特性が変わらないようにしつつ、形状は省略する方法（モデル化）がとられます。これは熱回路網法だけでなく、数値流体力学ソフトを使って解析を行う場合にも不可欠な技術です。

11.1 部品を2節点でモデル化する

図11.1 に内部構造を示すように、半導体部品の内部構造は複雑です。部品単体の熱解析であれば、部品内部を三次元のセルに分割して計算することもできますが、数百個の部品が実装された基板や装置レベルの解析では、そのようなモデル化は無理があります。

そこで、部品の放熱経路を単純化し、チップで発生した熱は「上部に伝わり部品表面から逃げる熱」と、「下部に伝わって基板から逃げる熱」とに分けられると考えます。そして、部品を半導体チップ（junction）とパッケージケース（case）の2節点で表現します。放熱経路は、θ_{jc}（チップからケース表面まで）、θ_{jb}（チップから直下の基板まで）という2つの熱抵抗で表します（図11.2）。これにより、部品の解析規模を最小化でき、かつ最も重要なチップの温度も推定できるようになります。

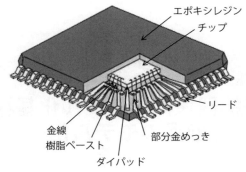

※日立半導体パッケージデータブック資料 ADJ-410-002M より引用

図 11.1　1QFP パッケージの内部構造

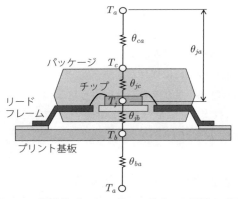

図 11.2　半導体パッケージの 2 節点、2 抵抗モデル

　このモデルの問題は、2つの熱抵抗の値をどのように決めるかです。パワーデバイスではほとんどの場合、θ_{jc}（$Rth_{j\text{-}c}$ などとも表現する）はデータブックに記載されています。一方、集積回路の θ_{jc} や θ_{jb} は入手できない場合もあります。JEITA より半導体パッケージの熱パラメータ予測ツールが公開されており、簡単に見積もりができます。

　これは、代表的なパッケージタイプ（QFN、PBGA、FCBGA、FBGA、LQFP、CSP）ごとに、任意のパラメータ（パッケージやチップサイズなど）を指定して、熱抵抗値（θ_{ja}, θ_{jc}, θ_{jb}, Ψ_{jb}, Ψ_{jt}）を予測するツールです（図11.3）。このツールにより、半導体パッケージ熱抵抗の概算見積もりが可能になります。

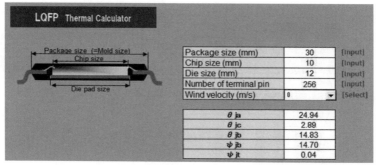

※（一般社団法人）電子情報技術産業協会 半導体パッケージ技術小委員会 熱設計技術サブコミッティ資料より引用

図 11.3　半導体パッケージの熱特性計算ツール

2抵抗モデルをベースにした半導体パッケージモデルは、電気回路シミュレータを用いても簡単に解析することができます。詳細は第5部を参照してください。

11.2　基板を等価熱伝導率でモデル化する

部品と並んでモデル化に苦労するのがプリント基板です。プリント基板には複数の層にわたって微細な配線パターンが形成されています。これを詳細にモデル化することはほとんど不可能ですし、そもそも熱設計が必要な初期段階ではまだ配線設計は終わっていません。

そこで、熱回路網法や熱流体解析では、3.1節で説明した「異方性等価熱伝導率」を使用したモデル化が行われます（図11.4）。

プリント基板に適用すると、配線がつながっている面方向の等価熱伝導率 λ_{ey} は、以下の式で表されます。

$$\lambda_{ey} = \frac{\sum A_{yi} \cdot \lambda_i}{A} \qquad \text{(式 11.1)}$$

A_{yi}：各材料の断面積、λ_i：各材料の熱伝導率、A：全断面積

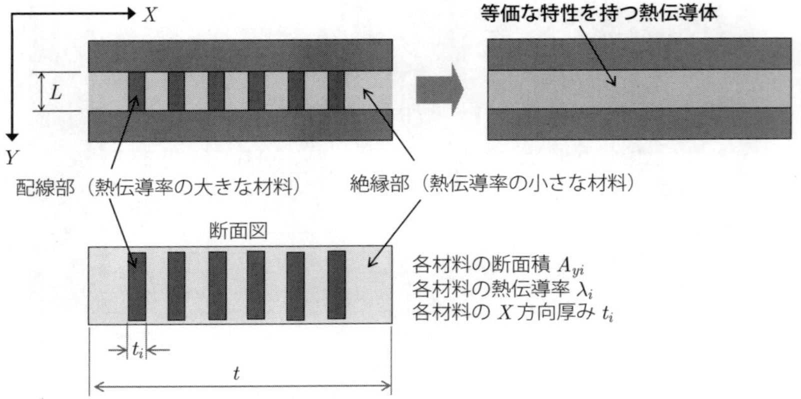

図 11.4　異方性等価熱伝導率の考え方

配線がつながっていない厚み方向の等価熱伝導率 λ_{ex} は、以下の式で表されます。

$$\lambda_{ex} = \frac{t}{\sum \frac{t_i}{\lambda_i}} \tag{式 11.2}$$

t_i：各材料の x 方向厚み、λ_i：各材料の熱伝導率、t：x 方向のトータル厚み

（式 11.1）では、λ の大きい材料が 1 つでもあると、右辺の分子が大きくなるため、それに引っ張られて等価熱伝導率が大きくなります。一方、（式 11.2）では、λ の小さい材料が 1 つでもあると、それによって分母が大きくなり、等価熱伝導率は下がります。

11.3　部品を基板に実装する

これまでの説明を踏まえて、簡単な例で基板に実装した部品のモデルを計算してみましょう。図 11.5 に例題を示します。形状は 9.1 節で取り上げたアルミ板と同じです。ただし、樹脂基板では温度が高くなるので、部品 A は 2 W、部品 B は 1 W とします。

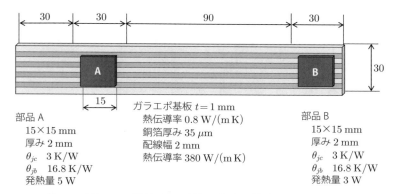

図 11.5　配線のある基板に部品を搭載した例題

(1) プリント基板の等価熱伝導率

プリント基板の横方向（配線パターンのつながっている方向）の等価熱伝導率は（式 11.1）にあてはめると、以下のとおり 4.2 W/(m K) となります。

$$\lambda_{ey} = (0.8 \times 0.001 + 380 \times 0.000035 \times (0.008/0.03))/0.001035 \\ = 4.2 \, [\text{W}/(\text{m K})]$$

式中の (0.008/0.03) は配線パターン幅合計を基板幅（高さ）で割ったもので、銅箔残存率を表しています。

配線に直交方向、厚み方向の熱伝導率は、その方向にセルを分割しないので、計算には関係しません。分割を行う場合には（式 11.2）を使用しますが、等価熱伝導率は小さく、基材の熱伝導率（0.8 W/(m K)）としても大きな誤差はありません。

2 節点モデルの部品を 2 個実装するので、全体の熱回路網は図 11.6 のようになります。部品の表面から空気への対流、放射の熱コンダクタンス計算においては、部品の底面積を表面積から除きます。部品底面から空気への放熱はほとんどないためです。同様に部品を搭載している基板の節点 2 と節点 6 のセルでは、その表面積は部品が搭載されている部分の面積を除いて計算します。

第 11 章 電子機器筐体のモデル化基板と部品のモデル化

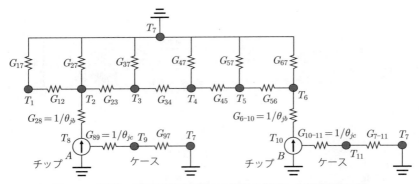

図 11.6　配線のある基板に 2 節点の部品を搭載した熱回路モデル

　入力した熱回路網データを図 11.7 に、計算の結果を図 11.8 に示します。元の配線（表層配線 2 mm 幅 × 4 本）ではチップ温度は 100 ℃を超えることがわかります。一方、配線部分をすべて銅箔にしたベタパターンでは、約 8 ℃下がっています。

節点数	要素数	発熱節点数	温度固定節点数	計算反復回数			
11	23	2	1	10			

節点1	節点2	熱コンダクタンス	発熱点番号	発熱量		固定点番号	固定温度
1	2	0.004346667	8	2		7	25
2	3	0.004346667	10	1			
3	4	0.004346667	⎫ 伝導熱コンダクタンス				
4	5	0.004346667					
5	6	0.004346667	⎭				
1	7	0.010531762	⎫				
2	7	0.014116468					
3	7	0.010248265	対流熱コンダクタンス				
4	7	0.007520836					
5	7	0.009259299					
6	7	0.012540964	⎭				
1	7	0.009056057	⎫				
2	7	0.00968204					
3	7	0.009013932	放射コンダクタンス				
4	7	0.008758394					
5	7	0.008893037					
6	7	0.0088345	⎭				
8	9	0.333333333	⎫				
8	2	0.05952381					
8	7	0.006135442	部品データ				
10	11	0.333333333					
10	6	0.05952381					
11	7	0.005298927	⎭				

図 11.7　熱回路モデル

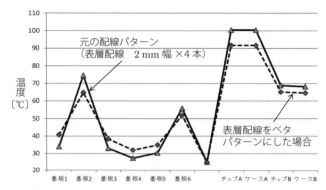

図 11.8　樹脂基板に 2 節点の半導体部品を配置した計算結果

11.4　8 節点で密閉筐体をモデル化する

　これまで部品、基板が大気中に開放状態で置かれた条件の計算を行ってきましたが、実装置ではほとんどの基板が筐体に実装されます。筐体内部の空気温度は外気よりも高くなり、基板や部品も、筐体の外に置かれた場合より高くなります。

　熱回路網で筐体をモデル化するには、複数の平板で取り囲まれた空間を作ります。

　例えば、六面体の筐体を考えてみましょう。筐体面どうしはつながっているので、面は熱伝導コンダクタンスで接続されます。各面の外側表面は外気に対して対流と放射で放熱します。また筐体内側表面は対流で内部の空気と熱交換し、熱放射で内部の物体と熱交換します。これを最も簡単な 8 節点（筐体各面 1 節点 + 外気 + 内気）で表現すると図 11.9 のようなイメージになります。

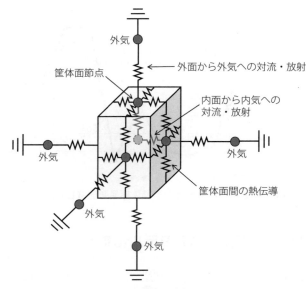

図 11.9　8 節点で表現した筐体の熱回路モデル

これを熱回路網モデルで定義したものが図 11.10 です。
ここでは、各節点は以下のように定義されています。

　　節点 1：上面、節点 2：前面、節点 3：左面、節点 4：後面、節点 5：右面
　　節点 6：底面、節点 7：内部空気、節点 8：外気

このデータでは、7 〜 12 行目は筐体面から外気への対流と放射の熱コンダクタンスを足し合わせた式を定義しています。例えば、8 行目には以下の式が設定されています。

```
=G17*G19*(0.56*2.51*(ABS(B34-$B$40)/G19)^0.25+
   G22*0.0000000567*((B34+273.15)^2+
   ($B$40+273.15)^2)*((B34+273.15)+($B$40+273.15)))
=表面積×(鉛直面の自然対流熱伝達率+放射の熱伝達率)
```

この式は、G 列の入力データを参照して定義しており、筐体外形寸法などのパラメータを変更すると、各熱コンダクタンスに反映されるようになっています。

　各面の節点は板厚の中心に位置するため、本来は板厚中心から表面までの熱

11.4 8節点で密閉筐体をモデル化する

	A	B	C	D	E	F	G
3	節点数	要素数	発熱節点数	温度固定節点数	計算反復回数		
4	8	24	1	1	10		
5							
6	節点1	節点2	熱コンダクタンス	発熱点番号	発熱量	固定点番号	固定温度
7	1	8	0.083857663	7	10	8	25
8	2	8	0.11898819				
9	3	8	0.148735331	筐体面から外気への			
10	4	8	0.118988194	熱コンダクタンス			
11	5	8	0.148735331				
12	6	8	0.063931558				
13	1	2	0.2304				
14	1	3	0.313043478				
15	1	4	0.2304				
16	1	5	0.313043478			入力	
17	2	3	0.6			筐体幅(m)	0.08
18	3	4	0.6	筐体面間の熱伝導		筐体奥行(m)	0.1
19	4	5	0.6	コンダクタンス		筐体高さ(m)	0.15
20	5	2	0.6			筐体厚み(m)	0.003
21	2	6	0.2304			筐体熱伝導率(W/mK)	120
22	3	6	0.313043478			外表面放射率	0.85
23	4	6	0.2304			内表面放射率	0.85
24	5	6	0.313043478			発熱量(W)	10
25	1	7	0.089545624			周囲温度(℃)	25
26	2	7	0.127628977				
27	3	7	0.159536176	筐体面から内気への			
28	4	7	0.127628977	熱コンダクタンス			
29	5	7	0.159536176				
30	6	7	0.069954386				
31							
32	節点番号	温度	温度上昇				
33	1	39.63004684	14.63004684	上面			
34	2	39.63555527	14.63555527	前面			
35	3	39.6356163	14.6356163	左面			
36	4	39.63555908	14.63555908	後面			
37	5	39.6356163	14.6356163	右面			
38	6	39.6500473	14.6500473	底面			
39	7	53.2634201	28.2634201	内部空気			
40	8	25	0	外気			

図 11.10　筐体の熱回路網データ例

伝導も考慮すべきですが、熱抵抗は小さいと考えて省略しています。

13～24行目は筐体面間の熱伝導コンダクタンスを定義しています。例えば、13行目には以下の式が設定されています。

```
=G17*G20*G21/(G18/2+G19/2)
=筐体幅×筐体厚み×筐体熱伝導率/(節点1から節点2までの熱伝導長さ)
```

25～30行目は筐体面から内部空気への対流と放射の熱コンダクタンスを足し合わせた式を定義しています。例えば、26行目には以下の式が設定されています。

```
=G17*G19*(0.56*2.51*(ABS(B34-$B$39)/G19)^0.25+
    G23*0.0000000567*((B34+273.15)^2+
    ($B$39+273.15)^2)*((B34+273.15)+($B$39+273.15)))
=表面積×(鉛直面の自然対流熱伝達率+放射の熱伝達率)
```

本来、熱放射は筐体面と内部に実装された部品や基板との面間の伝熱ですが、実装部品の熱は最終的には内部空気に伝わるため、便宜的にこのような設定としています。

また同様に、ここでは節点7（内部空気）を発熱体としています。空気そのものが発熱するわけではありませんが、実装部品の発熱は内部空気に伝わってから放熱されるためです。このモデルから、筐体各面の温度や内部空気温度を求めることができます。

このシートに6.3節で例示した自然空冷機器の条件（発熱量10 W、密閉に変更）を入力して計算すると、内部空気の温度上昇が28.3 ℃となることがわかります。

11.5　通風口やファンをモデル化する

多くの電子機器は通風口を備え、換気によって放熱を行います。換気による放熱量は筐体表面からの放熱量に比べるとはるかに大きく、主たる放熱ルートを形成します。次に、空気や液体が流動して熱を運ぶ現象を熱回路で表現します。

これは2.6節で説明した以下の式（式2.20）で表現できます。

$$\text{熱コンダクタンス } G = \text{空気の密度 } \rho \times \text{空気の比熱 } C_p \times \text{風量 } V$$

ただし、この熱コンダクタンスは、熱伝導・対流・放射とは異なった特徴を持ちます。それは「流れの方向にしか熱が伝わらない」ということです。

8.1節で説明した熱伝導マトリクス（式8.2）を眺めてみると、主対角線に対して成分が対称な「対称行列」になっていることがわかります。これは、熱伝導や対流、放射では、節点1から節点2への熱コンダクタンスは節点2から節点1への熱コンダクタンスと同じ値になるためです。

しかし、図11.11に示すように、物質移動に伴う熱輸送コンダクタンスは、流体の移動方向にしか熱が伝わりません。流れと逆方向の熱コンダクタンスは0になります。この非対称の熱移動を扱うには、熱伝導マトリクスを非対称にします。

11.5 通風口やファンをモデル化する

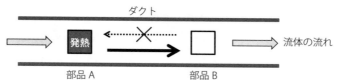

流体が左から右に流れる場合、部品Aが発熱すると部品Bは受熱するが、
部品Bが発熱しても部品Aは受熱しない

図 11.11　物質移動による熱輸送

そのために、マクロの熱伝導マトリクスを組み立てる部分を以下のように書き換えます。

```
' 熱伝導マトリクス係数処理
  For i = 1 To NE
    N1 = Cells(i + COL2, 1)
    N2 = Cells(i + COL2, 2)
    el = Cells(i + COL2, 3)
    FL = Cells(i + COL2, 8)

    If FL <> 1 Then
      A(N1, N2) = A(N1, N2) - el
      A(N2, N2) = A(N2, N2) + el
    End If

    A(N2, N1) = A(N2, N1) - el
    A(N1, N1) = A(N1, N1) + el

  Next i
```

このマクロに対応するため、データ入力シートのH列に「熱移動方向性有」のフラグを入力するカラムを追加します。

ここに「1」を設定すると、「節点1」カラムの節点から「節点2」カラムの節点方向にしか熱が流れなくなります。「1」以外であれば、これまでと同様に双方向に熱移動が起こります。

図11.12は、節点2〜6が直線的に結合された熱回路網で、その両端の節点2と6が節点1（外気）に結ばれています。「熱移動方向性有」を空白とした(a)では、節点3に発熱が起こると、節点2側、節点6側の両方に熱が逃げて外気節点1に達します。

(a) H列の「熱移動方向性有」を空白にした場合

(b) H列の「熱移動方向性有」に「1」を設定した場合

図 11.12　流れの方向性を考慮した計算

しかし、「熱移動方向性有」に「1」を設定した（b）では、節点 3 を発熱させても、その上流側の節点 2 の温度は上昇せず、下流側の節点 4 〜 6 の温度のみが上昇します。

11.4 節で作成した密閉筐体に通風口を開けた際の温度上昇を計算してみましょう。通風口からの換気による熱コンダクタンス G は、（式 6.8）より、

$$G_{VENT} = 1\,150 \cdot A \cdot 0.166 \cdot (h_T \cdot \Delta T_{air})^{\frac{1}{2}}$$

図 11.13 の 31、32 行目には、以下の式を設定します

```
=1150*G24*0.166*(G19/2*(B41-B42))^0.5
```

ここでは煙突長 h_T を筐体の高さの半分としています。これは発熱体の中心が上下中央にあると考えたためです。

計算の結果は、内部空気温度 53.4 ℃（温度上昇 18.6 ℃）となり、図 6.8 や図 6.10 の結果とほぼ一致することがわかります。

11.5 通風口やファンをモデル化する | 135

	A	B	C	D	E	F	G	H
3	節点数	要素数	発熱節点数	温度固定節点数	計算反復回数			
4	8	26	1	1	10			
5								
6	節点1	節点2	熱コンダクタンス	発熱点番号	発熱量	固定点番号	固定温度	熱移動方向性有
7	1	8	0.08311908	7	20	8	35	
8	2	8	0.118564251					
9	3	8	0.148205366					
10	4	8	0.118564257					
11	5	8	0.148205366					
12	6	8	0.065200565					
13	1	2	0.2304					
14	1	3	0.313043478					
15	1	4	0.2304					
16	1	5	0.313043478			入力		
17	2	3	0.6			筐体幅(m)	0.08	
18	3	4	0.6			筐体奥行(m)	0.1	
19	4	5	0.6			筐体高さ(m)	0.15	
20	5	2	0.6			筐体厚み(m)	0.003	
21	2	6	0.2304			筐体熱伝導率(w/mK)	120	
22	3	6	0.313043478			外表面放射率	0.85	
23	4	6	0.2304			内表面放射率	0.85	
24	5	6	0.313043478			通風口面積(m²)	0.0032	
25	1	7	0.087033904			発熱量(W)	20	
26	2	7	0.124505306			周囲温度(℃)	25	
27	3	7	0.155631602					
28	4	7	0.124505306					
29	5	7	0.155631602					
30	6	7	0.069326491			} 吸気と排気の方向のある		
31	8	7	0.722606136			熱コンダクタンス		1
32	7	8	0.722606136					1
33								
34	節点番号	温度	温度上昇					
35	1	44.557617	9.557617188	上面				
36	2	44.559914	9.559913635	前面				
37	3	44.55994	9.559940338	左面				
38	4	44.559917	9.55991745	後面				
39	5	44.55994	9.559940338	右面				
40	6	44.565922	9.565921783	底面				
41	7	53.656502	18.65650177	内部空気				
42	8	35	0	外気				

図 11.13 通風口を設けた筐体

なお、本例のモデルのように、内部空気が1節点で外気節点と2ヶ所（吸気と排気）で結合されている場合には、熱移動の方向性のある流れとして扱わず、双方向の熱移動として、吸気側または排気側のどちらか一方だけを接続すれば、同じ答えになります。

向きが逆の非対称熱伝導コンダクタンスを2つ入れることによって、対称熱コンダクタンスを1つ設定するのと同じ結果になるためです。内部空気を複数に分けてモデル化する場合には、この方法は使えません。

以上、電子機器の熱計算を行う上でのモデル化のポイントを、簡単な事例で説明しました。実際の電子機器はたくさんの部品が実装され複雑ですが、実用的な問題は規模を拡大することで計算可能です。もちろん手入力ではモデルが作れないので、モデル自動分割作成などを組み込む必要があります。図11.14は、そのような機能を付加したプリント基板の熱解析事例です。

136 第11章 電子機器筐体のモデル化基板と部品のモデル化

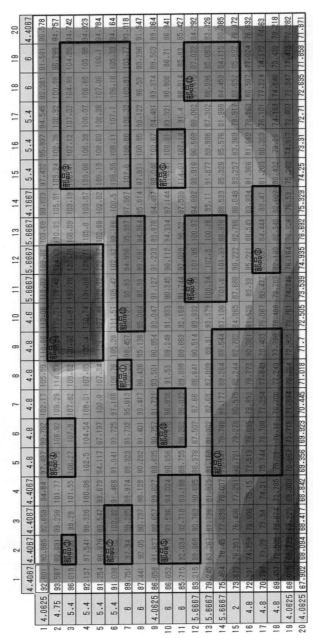

図 11.14　Excel によるプリント基板の熱解析例

第12章 熱回路網法を使ったさまざまな解析事例

これまで「形状」をベースにした熱解析例について説明してきましたが、熱回路網法は言わば「熱の論理回路」なので、概念モデルによるパラメータスタディに向いています。ここでは、電子機器を離れてさまざまな概念モデルの事例を紹介します。

12.1　物体の加熱（熱風加熱）

水の入った缶を熱風ヒータで加熱した場合の温度上昇時間について概算してみます。

(1) 熱風加熱の計算

図12.1に示すように、幅100 mm、高さ120 mm、長さ500 mmの矩形ダクトの吸気側に軸流ファンを設け、ヒータに空気を吹き付けて熱風を発生させます。この熱風によって下流にある缶を加熱します。ヒータは直径10 mm、長さ1 200 mmのシーズヒータで、熱容量は150 J/Kとします。缶は外径50 ×長さ100 mmで、中には液体が入っており、熱容量は820 J/Kとします。ダクトの周囲は完全断熱とし、ダクトの熱容量は考慮しないものとします。

また、ヒータの温度は上限が1 000 ℃で、この温度を超えるとスイッチが切れ、この温度以下に下がると再びスイッチが入るものとします。各部位の初期温度は25 ℃とします。

このとき、缶の温度とヒータの発熱量、ファンの風量の関係を考えてみましょう。

第12章 熱回路網法を使ったさまざまな解析事例

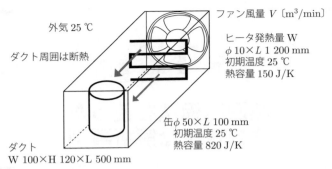

図 12.1　熱風ダクト内に置かれた円筒缶の加熱

この系の熱回路モデルは図 12.2 のように考えられます。

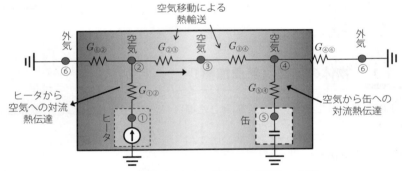

図 12.2　熱風ダクト内に置かれた円筒缶の加熱

外気（節点 6）からダクトに空気が流れ込み、ヒータ（節点 1）に加熱されて、内気（節点 2）の温度が上昇します。空気はヒータ近く（節点 4）まで移動して缶（節点 5）を温めます。中間の節点 3 はなくてもかまいませんが、ダクト壁面から外気に放熱がある場合などは、この節点を利用して放熱経路を作成します。

ここで出てくる熱コンダクタンスは、熱放射を無視すると、「空気移動による熱輸送のコンダクタンス」と「強制対流熱伝達コンダクタンス」の2種類です。

前者は、2.6 節の（式 2.20）で計算でき、空気の密度を $1.14\ \mathrm{kg/m^3}$、比熱を $1\,008\ \mathrm{J/(kg\,K)}$、風量を $V\ [\mathrm{m^3/s}]$ とすれば、以下の式になります。

$$G_{⑥②} = G_{②③} = G_{③④} = G_{④⑥} = 1\,150 \cdot V$$

後者は、円管外面の熱伝達率 h を用いて、（式 2.7）で計算できます。

円管外面の強制対流熱伝達率は、以下に示すヒルパートの式を用いて計算します。

$$h = \frac{Nu \cdot \lambda}{d}$$

$$Nu = C \cdot Re^n$$

$$Re = \frac{u \cdot d}{\nu}$$

λ：空気の熱伝導率〔W/(m K)〕、d：代表長（管の直径〔m〕）、u：風速〔m/s〕、ν：動粘性係数〔m²/s〕、u：風速〔m/s〕、レイノルズ数 Re と係数 C と指数 n は表 12.1 参照

表 12.1　ヒルパートの式係数表

レイノルズ数 Re	係数 C	指数 n
1 〜 4	0.891	0.33
4 〜 400	0.821	0.385
400 〜 4 000	0.615	0.446
4 000 〜 40 000	0.174	0.618
40 000 〜 400 000	0.024	0.805

この式では係数 C, n が Re（レイノルズ数）の値によって変わるため、Excel でモデル化する場合には、係数表から LOOKUP 関数を使って参照すると便利です。

図 12.3 は熱回路網データ例です。

このモデルでは、吸気口から空気が流入し排気口から排出されるため、11.5 節で説明した「非対称マトリクス」の処理が必要です。非定常計算プログラムにこの処理を加えて使用してください。

140　第12章　熱回路網法を使ったさまざまな解析事例

節点数	要素数	発熱節点数	温度固定節点数	熱容量保有節点数	計算反復回数	計算ステップ(s)	計算終了時間(s)
6	6	1	1	5	1	10	1800

節点1	節点2	熱コンダクタンス	発熱点番号	発熱量	固定点番号	固定温度	熱容量節点番号	熱容量	初期温度〔℃〕	熱移動方向性有
1	2	1.51999943	1	0	6	25	1	150	25	
2	3	27.6					2	0	25	1
3	4	27.6					3	0	25	1
4	5	0.40864833					4	0	25	1
6	2	27.6					5	820	25	1
4	2	27.6								1

風速　2
風量　1.44

Re ヒータ　1176.471
Re 缶　　　5882.353

ヒルパートの式係数表
Re	C	n
1	0.891	0.33
4	0.821	0.385
400	0.615	0.446
4000	0.174	0.618
40000	0.024	0.805

最終時間結果　1800
1　1015.619
2　68.48198
3　68.48198
4　68.2679
5　51.87578
6　25

図 12.3　円筒缶の加熱の熱回路網データ

計算結果を図 12.4 に示します。

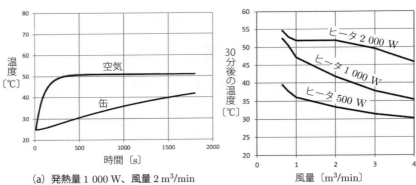

(a) 発熱量 1 000 W、風量 2 m³/min

(c) 30 分後の缶の温度と風量

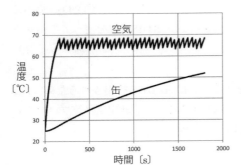

(b) 発熱量 2 000 W、風量 2 m³/min

図 12.4　円筒缶の加熱の計算結果

風量を $2\,\mathrm{m^3/min}$ に固定してヒータ発熱量を $1\,000\,\mathrm{W}$、$2\,000\,\mathrm{W}$ と変化させた場合の時系列グラフが（a）、（b）です。$1\,000\,\mathrm{W}$ ではヒータは温度上限に達しませんが、$2\,000\,\mathrm{W}$ では上限値に達するため、スイッチの ON/OFF が働き、空気温度は一定以上に上がらないことがわかります。

ヒータの発熱量を固定して風量を変えた結果を（c）に示します。

風量を上げると風速が上がって表面熱伝達率が増大しますが、加熱空気の温度は下がってしまうため、缶の温度は上がりません。風量を下げると空気温度の上昇によって缶の温度が上がりやすくなりますが、ヒータの温度が上限に達するため発熱量が抑制されてしまい、缶の温度上昇も抑えられることがわかります。

12.2　配管の断熱材

パイプを流れる熱水の保温について計算してみます。

図 12.5 のように、直径 10 mm、長さ 30 m の水管に 100 ℃の熱水を流速 30 mm/s で流し込むものとします。管の周囲空気温度を 0 ℃とし、排水部まで水温を 50 ℃以上に保ちたいとした場合、断熱材の厚みをどれくらいにすればいいでしょうか。

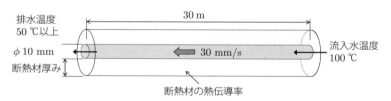

図 12.5　熱水管の断熱材計算例

断熱材は熱伝導率が、$0.3\,\mathrm{W/(m\,K)}$、$0.1\,\mathrm{W/(m\,K)}$、$0.05\,\mathrm{W/(m\,K)}$ の 3 種類を用意するものとし、表面の放射率はいずれも 0.9 とします。

このモデルでは 100 ℃で流入した熱水が排水部まで一方向に流れるので、水管部分を物質移動による熱輸送で直線状に接続します。ここでは水管を 10 分割します（節点 1 ～ 12）。

熱水は移動しながら管路の内壁面に伝わり、断熱材を経て、外表面から空気に自然対流と放射で拡散します。熱水移動による熱輸送コンダクタンスは、水の密度を $980\,\mathrm{kg/m^3}$、比熱を $4\,200\,\mathrm{J/(kg\,K)}$ とし、2.6 節の（式 2.20）で計算

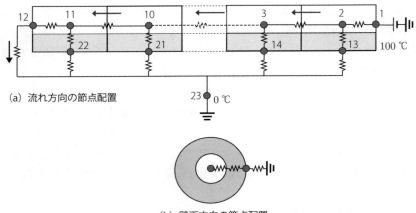

(a) 流れ方向の節点配置

(b) 壁面方向の節点配置
内壁面の熱伝達抵抗は
ここでは無視している

図 12.6　熱水管の熱回路網モデル

できます（図 12.6 (a)）。

内壁から外気までの放熱経路は、以下の 3 つの熱抵抗の直列になります（図 12.6 (b)）。

① 水管内壁面の熱伝達
② 断熱材の熱伝導
③ 外表面の対流・放射の熱伝達

水冷では熱伝達率が 500 〜 5 000 W/(m²K) と大きいため、ここでは①は無視し、②、③のみをモデル化します。

②は図 12.7 に示す円筒座標系の一次元定常熱伝導計算式を使って求めます。

$$熱伝導コンダクタンス = \frac{2\pi \times 高さ \times 熱伝導率}{\ln(r_o / r_i)} \; [W/K]$$

③は水平円筒面の自然対流熱伝達率（表 2.1）と放射熱伝達率を用いて、以下の式で計算します。

$$熱コンダクタンス \; G = S \cdot 2.51 \cdot 0.52 \cdot \left(\frac{\Delta T}{d}\right)^{0.25}$$
$$+ S \cdot \sigma \cdot \varepsilon \cdot (T_W^2 + T_\infty^2)(T_W + T_\infty)$$

12.2 配管の断熱材

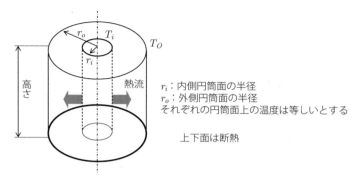

図 12.7 円筒座標系の一次元熱伝導コンダクタンス

　モデル入力データを図 12.8 に、計算結果を図 12.9 に示します。図 12.9 では、断熱材の熱伝導率ごとに断熱材の厚みと排水温度との関係をグラフ化しています。

節点数	要素数	発熱節点数	温度固定節点数	計算反復回数
23	32	0	2	5

節点1	節点2	熱コンダクタンス	発熱点番号	発熱量	固定点番号	固定温度	熱移動方向性有
1	2	9.698096522			1	100	1
2	3	9.698096522			23	0	1
3	4	9.698096522					1
4	5	9.698096522					1
5	6	9.698096522					1
6	7	9.698096522					1
7	8	9.698096522					1
8	9	9.698096522					1
9	10	9.698096522					1
10	11	9.698096522					1
11	12	9.698096522					1
12	23	9.698096522					1
2	13	0.339927011					
3	14	0.339926724					
4	15	0.339926724					
5	16	0.339926724					
6	17	0.339926724					
7	18	0.339926724					
8	19	0.339926724					
9	20	0.339926724					
10	21	0.339926724					
11	22	0.339926724					
13	23	10.47706459					
14	23	10.44297294					
15	23	10.40919301					
16	23	10.37572					
17	23	10.3425499					
18	23	10.30967881					
19	23	10.2771033					
20	23	10.24481918					
21	23	10.21282326					
22	23	10.18111207					

パイプ半径	0.005
断熱材半径	0.08
熱伝導率	0.05
パイプ長さ	30
放射率	0.9
流量	0.03

図 12.8 熱水管の熱回路網データ例

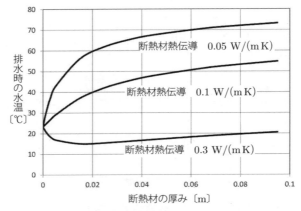

図 12.9　熱水管の計算結果

　断熱材の熱伝導率を 0.3 W/(m K)（樹脂）とした場合、断熱材を厚くしてもかえって排水温度が下がってしまうことがわかります。これは断熱効果よりも表面積が大きくなる効果の方が効くためです。断熱材の熱伝導率を 0.1 W/(m K)、0.05 W/(m K) と小さくすることによって、ようやく断熱効果が得られます。水温を 50 ℃以上に保つために必要な断熱材厚みは 0.1 W/(m K) では 56 mm 以上、0.05 W/(m K) では 9 mm 以上となります。

12.3　ペルチェモジュールによる冷却（TEC）

　最近ではレーザーダイオードなどの部品の冷却に熱電素子（TEC：Thermoelectric Cooling、ペルチェ素子とも呼ばれる）が使われています。熱電素子は、電気エネルギーを熱エネルギーに変換するペルチェ効果を利用したものです。P型半導体とN型半導体を接合し、電流を流すと吸熱面と発熱面を生じます。

　これは、電子が半導体から出るときにエネルギーを放出し、半導体に入るときにエネルギーを吸収することにより発生します。この結果、図 12.10（a）のように電流を流すと、上部金属電極で吸熱、下部金属電極で発熱が起こります。電流の向きを逆にすると吸熱と発熱が逆転します。

12.3 ペルチェモジュールによる冷却（TEC）

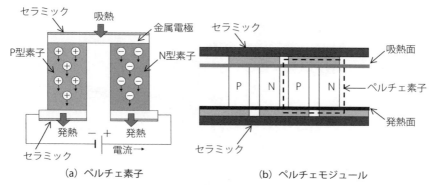

図 12.10　ペルチェ素子とペルチェモジュール

このペルチェ素子を複数配置したものがペルチェモジュールで、温度制御に利用されています。ペルチェモジュールでは、ペルチェ効果による吸熱、発熱以外にも電流を流すことによるジュール発熱や、高温面から低温面への熱伝導があり、複雑な現象となります。また、動作温度範囲が広いとペルチェ素子の電気抵抗や熱伝導率も変化するため、温度依存性も無視できなくなります。

ペルチェ素子の吸熱量 Q_c〔W〕、発熱量 Q_H〔W〕は、以下の式で表されます。

$$Q_c = -\alpha \cdot T_c \cdot I + \frac{R \cdot I^2}{2} + G \cdot \Delta T$$

$$Q_H = \alpha \cdot T_H \cdot I + \frac{R \cdot I^2}{2} - G \cdot \Delta T$$

Q_c：吸熱量〔W〕、Q_H：発熱量〔W〕、T_c：吸熱面側絶対温度〔K〕、T_H：発熱面側絶対温度〔K〕、I：電流値〔A〕、ΔT：素子の温度差〔K〕$= T_H - T_c$、α：素子のゼーベック係数〔V/K〕、R：素子の電気抵抗〔Ω〕、G：素子の熱コンダクタンス〔W/K〕

式の右辺第 1 項はペルチェ効果による吸発熱量、第 2 項は素子のジュール発熱量、第 3 項は発熱面（高温）から吸熱面（低温）に熱伝導で戻る熱流量です。

ペルチェモジュールは、セラミック面内の温度が均一と考えれば、図 12.11 に示すような一次元モデルで表現できます。

第 12 章　熱回路網法を使ったさまざまな解析事例

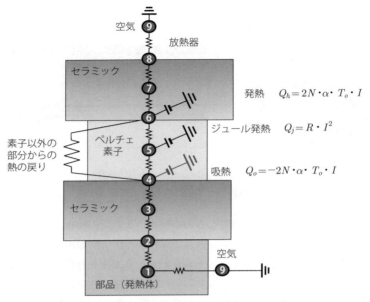

図 12.11　ペルチェモジュールの熱回路網モデル

節点 1 〜 8 の間の熱コンダクタンスはすべて熱伝導なので、

熱コンダクタンス ＝ 断面積×熱伝導率 / 厚み

となります。ビスマス-テルルの熱伝導率は 1.6 W/(m K)、アルミナセラミックは 15 〜 20 W/(m K) で計算します。

節点 8- 節点 9 はヒートシンク（接触熱抵抗含む）の熱コンダクタンス、節点 1- 節点 9 は部品の表面から直接空気に逃げる（または空気から部品に侵入する）ルートの熱コンダクタンスで、対流と放射によるものです。

ペルチェモジュールのモデルのポイントは、発熱の与え方にあります。

まず、ペルチェ効果による吸熱量 Q_c と発熱量 Q_H は、ゼーベック係数 α 〔V/K〕、吸熱面の絶対温度 T_c 〔K〕、電流値 I 〔A〕、モジュール内のペルチェ素子数 N（P と N で 1 個とする）から、以下の式で表されます。

吸熱量 $Q_c = -2N \cdot \alpha \cdot T_c \cdot I$

発熱量 $Q_H = 2N \cdot \alpha \cdot T_H \cdot I$

12.3 ペルチェモジュールによる冷却（TEC）

ビスマス–テルルでは、ゼーベック係数 α を 2.07×10^{-4} V/K 程度とします（25 ℃の条件）。温度ごとのデータがあればテーブルなどで温度依存性を考慮します。

ペルチェ素子には、電流 I に応じたジュール発熱が発生します。

ジュール発熱量 $Q = I \cdot V = I^2 \cdot R$

R はペルチェ素子のカタログに記載されていますが、記載がない場合は、素子の抵抗率 ρ 〔Ωm〕、素子の厚み L 〔m〕、素子の断面積 A 〔m²〕、素子の数 N から、以下の式で推定できます。

$$R = 2N \cdot \rho \cdot \frac{L}{A}$$

ビスマス–テルルでは、抵抗率 ρ は 1.03×10^{-5} Ωm 程度です。

以上の内容を熱回路網法計算シートに入力した結果（数式表示）が図 12.12 です。

	A	B	C	D	E	F	G
3	節点数	要素数	発熱節点数	温度固定節点数	計算反復回数		
4	9	10	4	1	10		
5							
6	節点1	節点2	熱コンダクタンス	発熱点番号	発熱量	固定点番号	固定温度
7	1	2	10000	4	=-2*F18*F13*(B21+273.15)*F12	9	25
8	2	3	=F20*F21*F19/(F23/2)	5	=2*F18*(F29*F12^2)		
9	3	4	=F20*F21*F19/(F23/2)	6	=2*F18*(F12*F13*(B23+273.15))		
10	4	5	=F15*F18*F17/(F14/2)*2	1	=F24		
11	5	6	=F17*F15/(F14/2)*F18*2				
12	6	7	=F20*F21*F19/(F23/2)		電流	2.6	A
13	7	8	=F20*F21*F19/(F23/2)		ゼーベック係数	0.0002069	V/K
14	8	9	=1/F25		素子の厚み	0.00127	m
15	2	9	=1/F26		素子の断面積	0.00000064	m²
16	4	6	=1/F27		素子の電気抵抗率	0.00001026	Ωm
17					熱伝導率	1.6	W/mK
18	節点番号	温度			素子数（PNペア数）	127	ペア
19	1	28.2920627593994	部品		セラミック熱伝導率	15	W/mK
20	2	28.2898120880126	セラミックC部品面		外形寸法縦	0.025	m
21	3	27.1936244964599	セラミックC厚み中心		外形寸法横	0.025	m
22	4	26.0974330902099	ペルチェ吸熱面		外形寸法高さ	0.0031	m
23	5	71.3221206665039	ペルチェ中心部		セラミック厚み	0.000915	m
24	6	31.1991558074951	ペルチェ排熱面		部品の発熱量	22.5	W
25	7	28.1027507781982	セラミックH厚み中心		ヒートシンク熱抵抗（接触含む）	0.0001	K/W
26	8	25.0063457489013	セラミックH放熱面		発熱体-空気熱抵抗	100	K/W
27	9	25	周囲温度		Hot-Cool戻り熱抵抗	100	K/W
28							
29			温度差ΔT [℃]	=B20-B25	電気抵抗/素子	=F16*F14/F15	Ω
30			吸熱量 Qc [W]	=C8*(B20-B21)	電気抵抗/モジュール	=2*F29*F18	Ω
31			投入電力 [W]	=F32	電圧	=F30*F12	V
32			成績係数 COP	=D30/D31	入力電力	=F31*F12	W

図 12.12 ペルチェモジュールのデータ入力（数式表示）

第 12 章 熱回路網法を使ったさまざまな解析事例

モデルができあがったら早速ペルチェモジュールのカタログ値と比較し、モデルの妥当性を検証します。

カタログには以下の特性が表記してあります。

I_{max}（最大電流）：吸熱側と排熱側が最大の温度差を生じるときの電流値
V_{max}（最大電圧）：I_{max}（最大電流）を流すために必要な電圧
Q_{max}（最大吸熱量）：I_{max}（最大電流）で動作させたときの吸熱量
ΔT_{max}（最大温度差）：吸熱側と排熱側に生じる最大温度差

また、図 12.13 に示すような特性グラフが記載されています。

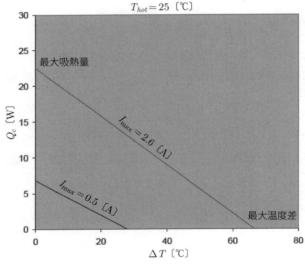

図 12.13 ペルチェモジュールの特性データ例

モデルの妥当性を検証するには、電流に最大電流を入力し、部品発熱量に最大吸熱量を入れて計算し、T_h と T_c の温度差がほぼ 0 ℃になることを確認します。

次に部品発熱量を 0 W として計算し、T_h と T_c の温度差がほぼ最大温度差になることを確認します（図 12.14）。これらがほぼ一致していれば、モデルは正しくできていることになります。

電流値を変えて部品や放熱器の温度を計算すると、例えば図 12.15 のようなグラフになります。電流を増やしすぎるとペルチェ素子のジュール発熱が増加し、部品の温度は上昇に転じるので、適切な電流値に設定する必要があります。

12.3 ペルチェモジュールによる冷却 (TEC)

図 12.14 ペルチェモジュールの特性確認計算

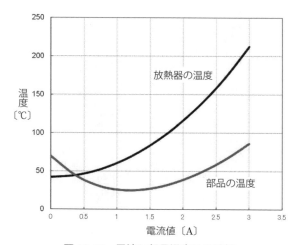

図 12.15 電流と部品温度との関係

12.4　ペルチェモジュールによる発電量の計算（TEG）

ペルチェモジュールの両面に温度差を与えると、熱起電力が発生して電流が流れます。これをうまく利用することによって、廃熱を回収して電気エネルギーを得ることができます。熱電素子を使った発電は TEG（Thermoelectric Generation：熱電発電）と呼ばれ、さまざまな分野でエネルギー回収への取り組みが行われています。

12.3 節で説明したペルチェモジュールのモデルを少し変更するだけで、発電量の計算が可能となります。発電の場合は、温度差を外部から与えることになるので、外気と発熱体に温度固定を与えます。

発生する熱起電力はペルチェ素子の上下面の温度差に比例するため、素子の温度差から熱起電力を計算します。熱起電力と電気抵抗（内部抵抗と外部負荷抵抗の合計）がわかれば電流値が決まります。ここから取り出して、電力を計算できます（図 12.16、図 12.17）。

	A	B	C	D	E	F	G
3	節点数	要素数	発熱節点数	温度固定節点数	計算反復回数		
4	9	10	1	2	1		
5							
6	節点1	節点2	熱コンダクタンス	発熱点番号	発熱量	固定点番号	固定温度
7	1	2	10000	5	=2*F17*(F28*F31^2) ①	1	5
8	2	3	=F19*F20*F18/(F22/2)			9	200 ②
9	3	4	=F19*F20*F18/(F22/2)				
10	4	5	=F14*F17*F16/(F13/2)*2				
11	5	6	=F16*F14/(F13/2)*F17*2				
12	6	7	=F19*F20*F18/(F22/2)		ゼーベック係数	0.0002069	V/K
13	7	8	=F19*F20*F18/(F22/2)		素子の厚み	0.00127	m
14	8	9	=1/F23		素子の断面積	0.00000064	m³
15	2	9	=1/F24		素子の電気抵抗率	0.00001026	Ω·m
16	4	6	=1/F25		熱伝導率	1.6	W/mK
17					素子数（PNペア数）	127	ペア
18	節点番号	温度			セラミック熱伝導率	15	W/mK
19	1	5	部品	外形寸法縦	0.025	m
20	2	5.02285194396972	セラミックC部品面		外形寸法横	0.025	m
21	3	6.65994548797607	セラミック厚み中心		外形寸法高さ	0.0031	m
22	4	8.29703903198242	ペルチェ吸熱面		セラミック厚み	0.000915	m
23	5	86.4074554443359	ペルチェ中心部		ヒートシンク熱抵抗(接触含む)	1	K/W
24	6	163.594100952148	ペルチェ排熱面		発熱体-空気熱抵抗	1	K/W
25	7	165.21272277832	セラミック厚み中心		Hot-Cool戻り熱抵抗	100	K/W
26	8	166.831359863281	セラミックH放熱面		負荷抵抗	25	Ω ③
27	9	200	周囲温度				
28					電気抵抗/素子	=F15*F13/F14	Ω
29					電気抵抗/モジュール	=2*F28*F17	Ω
30					熱起電力　[V]	=2*F17*F12*(B24-B22)	V
31					発生電流　[A]	=F30/(F26+F29)	A ④
32					発生電力　[W]	=F31^2*F26	W ⑤

①発生電流からジュール発熱を計算する
②外気と発熱体は温度固定にする
③ペルチェモジュールに取り付ける負荷抵抗を入力する
④ペルチェ素子に生じる温度差から熱起電力を計算する
⑤熱起電力から電流と電力を計算する

図 12.16　ペルチェモジュールの発熱量計算モデル（数式表示）

12.4 ペルチェモジュールによる発電量の計算 (TEG)

節点数	要素数	発熱節点数	温度固定節点数	計算反復回数
9	10	1	2	10

節点1	節点2	熱コンダクタンス	発熱点番号	発熱量	固定点番号	固定温度
1	2	10000	5	0.378381527	1	5
2	3	20.49180328			9	200
3	4	20.49180328				
4	5	0.4096				
5	6	0.4096				
6	7	20.49180328				
7	8	20.49180328				
8	9	1				
2	9	1				
4	6	0.01				

節点番号	温度	
1	5	部品
2	5.022851944	セラミックC部品面
3	6.659945488	セラミックC厚み中心
4	8.297039032	ペルチェ吸熱面
5	86.40745544	ペルチェ中心部
6	163.594101	ペルチェ排熱面
7	165.2127228	セラミックH厚み中心
8	166.8313599	セラミックH放熱面
9	200	周囲温度

ゼーベック係数	2.07E-04	V/K
素子の厚み	0.00127	m
素子の断面積	6.40E-07	m^2
素子の電気抵抗率	1.03E-05	Ωm
熱伝導率	1.6	W/mK
素子数 (PNペア数)	127	ペア
セラミック熱伝導率	15	W/mK
外形寸法縦	0.025	m
外形寸法横	0.025	m
外形寸法高さ	0.0031	m
セラミック厚み	0.000915	m
ヒートシンク熱抵抗(接触含む)	1	K/W
発熱体-空気熱抵抗	1	K/W
Hot-Cool戻り熱抵抗	100	K/W
負荷抵抗	25	Ω

電気抵抗/素子	2.04E-02	Ω
電気抵抗/モジュール	5.17	Ω
熱起電力 [V]	8.16	V
発生電流 [A]	0.27	A
発生電力 [W]	1.829216501	W

図 12.17　発電量の計算結果

　電力をたくさん取り出すには、ヒートシンクの熱抵抗などを極力小さくして、ペルチェ素子上下面の温度差を与えられた温度差にできるだけ近づける工夫が必要になります。ただし、冷却のために大きなファンやポンプを使用すると電力を消費しますので、冷却に極力エネルギーを使わないようにすることも大切です。

　発熱電力量は、外部負荷抵抗によって変わります。理論上は内部抵抗 = 負荷抵抗の状態で電力量は最大になります。実際に計算してみると、図 12.18 のようなグラフが得られます。

152 第 12 章 熱回路網法を使ったさまざまな解析事例

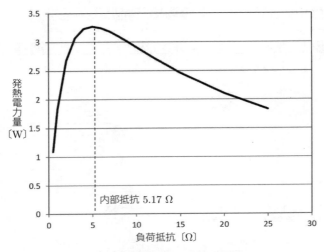

図 12.18 負荷抵抗と発熱電力

第 13 章
流体抵抗網法

　第 11、12 章では、風量 V や風速 u を既知数として、換気や強制対流の熱コンダクタンスを求め、空冷機器の温度を予測してきました。しかし実際の設計では、風量や風速がわからないことがほとんどです。これらを適当に仮定して求めたのでは、正確な温度は予測できません。

　第 7 章で説明したように、管内流に関しても熱や電気との相似性があるため、同じ手法で流体の挙動を計算することができます。これを「流体抵抗網法」と呼んでいます。ここでは流体抵抗網法を用いた流れの計算について説明します。

　流体抵抗網法は、数値流体力学ソフトのように流体の運動方程式（ナビエ−ストークスの式）を直接解くわけではないので、慣性支配の流れ、例えば広い空間にノズルから流体が噴出したときの複雑な流体挙動などは計算できません。流体内の速度分布を解くこともできません。配管ダクトの圧力低下や流量分配を知るなどの概算見積もりに適しています。

13.1　流体抵抗網のモデル作成方法

　Excel プログラムを流体抵抗網法用に修正する方法もありますが、ここでは 8.2 節の熱回路網法 VBA プログラムをそのまま使用し、入力を工夫して計算する方法について説明します。

　流体抵抗網法では、(式 7.13) に示した「流れのオームの法則」を解きます。

$$\Delta P = R \cdot V^2 \tag{式 13.1}$$

　厄介なことに二次方程式になります。しかし、これは熱回路網法で処理した

ように、コンダクタンスを未知数（圧力）の関数として表現し、反復することによって解くことができます。

圧力差 ΔP は、熱回路では温度差 ΔT に相当するので、熱のオームの法則と同じ形式で以下の式に直すと、

$$Q = \frac{1}{\sqrt{R \cdot \Delta P}} \cdot \Delta P \qquad (式 13.2)$$

流体抵抗 R は（式 7.16）より、

$$R = \zeta \cdot \frac{\rho}{2A^2} \qquad (式 13.3)$$

ζ：管路の圧力損失係数、ρ：流体の密度〔kg/m^3〕、A：流路の断面積〔m^2〕

これを式（式 13.3）に代入すれば、

$$Q = \sqrt{\frac{2A^2}{\zeta \cdot \rho \cdot \Delta P}} \cdot \Delta P \qquad (式 13.4)$$

と書くことができます。

流体抵抗網法では未知数は圧力ですが、知りたいのは流量なので、圧力を求めてから各部の流量 Q を計算します。

では、第 7 章の図 7.2 で計算した流路モデルを流体抵抗網法で計算してみましょう。

熱回路網法と同じように流路上に節点を配置し、節点間を流体コンダクタンスで接続します。流体上の節点（以下、流体節点）は、流体抵抗が発生する箇所の前後に設けます。この例では、入口部、管路部、絞り部で圧損発生するので、図 13.1（a）のような配置になります。外気を節点 1 として圧力を 0 Pa（大気圧）とします。排気側には図 13.1（b）のような特性を持つファンが設けられているとします。

13.1 流体抵抗網のモデル作成方法

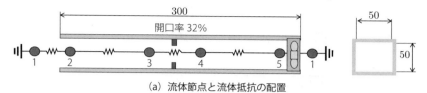

(a) 流体節点と流体抵抗の配置

静圧〔Pa〕	風量〔m³/s〕
100	0
0	0.01

(b) ファンの特性

図 13.1 簡単な流体抵抗モデル

このモデルの入力データを図 13.2 に、定義した数式を図 13.3 に示します。

	A	B	C	D	E	F	G	H	I	J
4	5	5	1	1	10					
5										
6	節点1	節点2	流体コンダクタンス	流量固定節点番号	固定流量	圧力固定節点番号	固定圧力	流路面積	風量	風速
7	1	2	0.00405	5	-0.00537	1	0	0.0025	0.005367	2.146851
8	2	3	0.010659					0.0025	0.005367	2.146851
9	3	4	0.000122		絞り圧損係数	16.60156		0.0025	0.005367	2.146851
10	4	5	0.010659					0.0025	0.005367	2.146848
11	5	1	0					0.0025	0	0
12										
13	節点番号	温度								
14	1	0			ファン特性					
15	2	-1.32508			静圧 Pa	風量 m³/s				
16	3	-1.82861			100	0				
17	4	-45.8254			0	0.01				
18	5	-46.3289								

図 13.2 流体抵抗網の入力データ

第 13 章 流体抵抗網法

	A	B	C
3	節点数	要素数	風量固定 節点数
4	5	5	1
5			
6	節点1	節点2	流体 コンダクタンス
7	1	2	=SQRT((2*H7^2)/(0.5*1.15*ABS(B15−B14)))
8	2	3	=SQRT((2*H8^2)/(0.095*1.15*ABS(B16−B15)))
9	3	4	=SQRT((2*H9^2)/(F9*1.15*ABS(B17−B16)))
10	4	5	=SQRT((2*H10^2)/(0.095*1.15*ABS(B18−B17)))
11	5	1	0
12			
13	節点番号	温度	
14	1	0	
15	2	−1.325078487	
16	3	−1.828608274	
17	4	−45.82535552	
18	5	−46.32888412	

	H	I	J
6	流路面積	風量	風速
7	=0.05*0.05	=C7*ABS(B15−B14)	=I7/H7
8	=0.05*0.05	=C8*ABS(B16−B15)	=I8/H8
9	=0.05*0.05	=C9*ABS(B17−B16)	=I9/H9
10	=0.05*0.05	=C10*ABS(B18−B17)	=I10/H10
11	=0.05*0.05	=C11*ABS(B18−B14)	=I11/H11

図 13.3　流体抵抗網の入力データ（数式表示）

　各流体コンダクタンスには、（式 13.4）の係数（平方根部分）が計算結果（圧力）を参照した式で入力されています。ファンは圧力によって流量が決定される特性を持つため、ファン特性テーブルを E16〜F17 セルに定義しておきます。E7 セルには、回帰線から値を予測する FORECAST 関数を使って以下の式を定義します。

```
=SIGN(B18)*FORECAST(ABS(B18), F16:F17, E16:E17)
```

　風速の計算にはダクトの断面積が必要なので、H 列にあらかじめ計算してあります。また、計算結果である圧力から風量を求める必要があるため、I 列で風量、J 列で風速を計算しています。流体コンダクタンスの圧損係数 ζ が風速やレイノルズ数の関数になる場合は、この風速を使って式を定義します。

　計算の結果は、図 13.2 のとおり、動作静圧 −46.3 Pa、動作風量 0.00537 m^3/s となり、7.5 節の例題の計算結果（図 7.4）と一致することがわかります。

13.2 電子機器内の風量分布の計算

図 13.4 は内部が 5 つのブロックに仕切られた強制空冷機器の例です。

機器の大きさは、幅 300 ×奥行 250 ×高さ 500 mm で、吸気口とファンが 1 ヶ所ずつ設けられています。各ブロックは隔壁で分離されていますが、一部の壁面には面に一様に開口率 20% の通風口（全面スリット）が設けられていて、空気が流れるものとします。

まず、ブロック 1 の左側面にある吸気口から外気が取り込まれ、ブロック 1 を通過した後、壁面の通風口を経由してブロック 2 に流れます。ブロック 2 に流れた空気は、通風口を介してブロック 3 およびブロック 4 に流れ込みます。ブロック 3 に入った空気はブロック 5 を通過してファンで排気されます。ブロック 4 に入った空気は同じくブロック 5 を通過して正面からファンで排気されます。

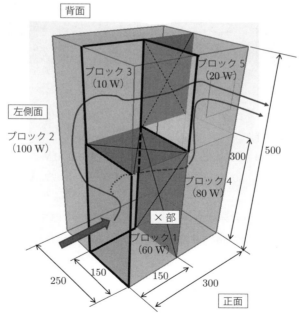

×部は壁面があり、他の面は開口率 20% の通風口が開いている。
図 13.4　内部が 5 つのブロックに仕切られた装置の例

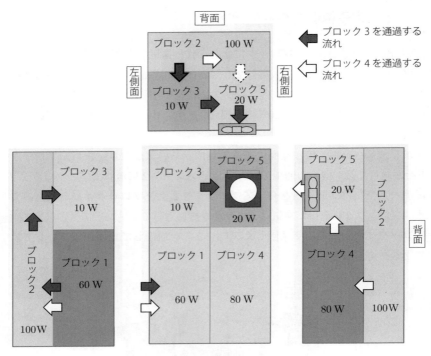

図 13.5　換気の流れ

　ブロック 1 と 4、ブロック 1 と 3、ブロック 2 と 5 の 3 ヶ所は通風口がないため空気は通りません。

　この装置のブロック 1 に 60 W、ブロック 2 に 100 W、ブロック 3 に 10 W、ブロック 4 に 80 W、ブロック 5 に 20 W の合計 270 W の発熱体を実装します（図 13.5）。

　冷却ファンは図 13.6 に示す静圧－風量特性を持ったものを使用します。

　この装置の流体抵抗回路を単純化すると、図 13.7 のように表すことができます。

13.2 電子機器内の風量分布の計算 | 159

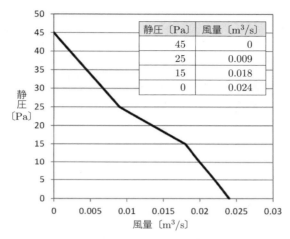

図 13.6 冷却ファンの特性

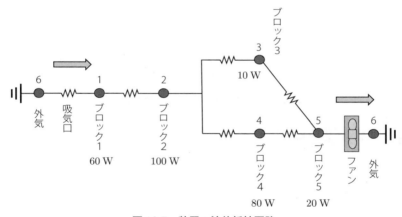

図 13.7 装置の流体抵抗回路

　一般には基板などの実装部品の流体抵抗よりも通風口の流体抵抗が大きいため、ここではブロック間壁面開口部の流体抵抗のみを考慮しています。もし高密度で部品が実装される場合には、各ブロックの流れ方向の最小流路断面積を調べ、開口率から流体抵抗を計算してモデルに加えます。

　図 13.8 は流体抵抗網データ入力例（数式表示）で、図 13.9 が計算結果です。

第13章 流体抵抗網法

	A	B	C	D	E
3	節点数	要素数	風量固定節点数	圧力固定節点数	計算反復回数
4	6	6	1	1	10
5					
6	節点1	節点2	流体コンダクタンス	流量固定節点番号	固定流量
7	6	1	=SQRT((2*H7^2)/(50*1.15*ABS(B20-B15)))	5	=FORECAST(ABS(B19),F11:F14,E11:E14)
8	1	2	=SQRT((2*H8^2)/(50*1.15*ABS(B16-B15)))		
9	2	3	=SQRT((2*H9^2)/(50*1.15*ABS(B17-B16)))		ファン特性
10	3	5	=SQRT((2*H10^2)/(50*1.15*ABS(B19-B17)))		静圧 Pa
11	2	4	=SQRT((2*H11^2)/(50*1.15*ABS(B16-B18)))		45
12	4	5	=SQRT((2*H12^2)/(50*1.15*ABS(B18-B19)))		25
13					15
14	節点番号	圧力			0
15	1	4.17			
16	2	8.34			
17	3	10.81			
18	4	9.329			
19	5	13.28			
20	6	0			

	F	G	H	I	J
6	圧力固定節点番号	固定圧	流路面積	風量	風速
7	6	0	=0.15*0.3	=C7*ABS(B20-B15)	=I7/H7
8			=0.3*0.15	=C8*ABS(B16-B15)	=I8/H8
9			=0.15*0.2	=C9*ABS(B17-B16)	=I9/H9
10	風量 m³/s		=0.2*0.15	=C10*ABS(B19-B17)	=I10/H10
11	0		=0.15*0.3	=C11*ABS(B18-B16)	=I11/H11
12	0.009		=0.15*0.15	=C12*ABS(B19-B18)	=I12/H12
13	0.018				
14	0.024				

図 13.8 流体抵抗網入力データの数式表示

節点数	要素数	風量固定節点数	圧力固定節点数	計算反復回数					
6	6	1	1	20					

節点1	節点2	流体コンダクタンス	流量固定節点番号	固定流量	圧力固定節点番号	固定圧力	流路面積	風量	風速
6	1	0.00410964	5	0.0171389	6	0	0.045	0.01713890	0.38086447
1	2	0.00410964					0.045	0.01713890	0.38086447
2	3	0.00355929		ファン特性			0.03	0.00879512	0.29317056
3	5	0.00355929		静圧 Pa	風量 m³/s		0.03	0.00879512	0.29317062
2	4	0.00844159		45	0		0.045	0.00834378	0.18541731
4	5	0.0021104		25	0.009		0.0225	0.00834378	0.37083475
				15	0.018				
節点番号	温度			0	0.024				
1	4.1704102								
2	8.3408203								
3	10.8118534								
4	9.3292332								
5	13.2828875								
6	0								

図 13.9 装置の流体抵抗網データと計算結果

図 13.7 の節点間を 6 つの流体コンダクタンスで接続しています。流体コンダクタンスの値は、（式 13.4）より、

$$流体コンダクタンス = \sqrt{\frac{2A^2}{\zeta \cdot \rho \cdot \Delta P}}$$

断面積 A は壁面に向かう方向の流路断面積をあらかじめ H 列で計算して引用し、圧損係数 ζ は、開口率 20% として（式 7.8）より計算しています。

また、ファンの静圧－風量特性を表現するため、流量固定に Excel の FORECAST 関数を使用しています。この関数は、回帰線上の値を返すため、ファンカーブの値を予測できます。

具体的には、まず図 13.9 の「ファン特性」のようにファンの静圧と風量との関係を表にしておきます。

ファンでは流量の値は静圧の関数として与えられるので、固定流量のセルに、FORECAST 関数を使って、以下の式を定義します（図 13.8）。

```
=FORECAST(ABS(B19), F11:F14, E11:E14)
```

ABS(B19) は、ファン吸気側の節点 5（ブロック 5）の圧力です。負圧になることがあるため、絶対値をとります。F11：F14 には風量のデータ列、E11：E14 には対応する静圧のデータ列を指定します。

この関数を用いることで、静圧に対応したファンの風量を設定することができ、ファン特性を考慮した計算が可能になります。

流体抵抗網法では未知数として圧力が計算されます。風量は圧力の計算結果から以下の式で計算します。

$$Q_{ij} = C_{ij} \times |P_i - P_j|$$

Q_{ij}：節点 i, j 間の流量、C_{ij}：流体コンダクタンス、P_i, P_j：節点の圧力

この計算式は I 列に定義しています。

また流量を流路面積（H 列）で割れば、ブロック内の平均風速を求めることができます（J 列に設定）。

計算結果は、図 13.9 に示すとおり、ファン動作風量が 0.0171 m³/s、動作静圧は 13.3 Pa と、ファンの最大風量の 70% 程度で動作することがわかります。

13.3 電子機器内の空気温度分布の計算

このようにして、各部の風量、風速が推定できますが、機器の熱設計では温度を知りたくなります。そこで、流体抵抗網法で計算した風量データを引用して熱回路網データを作成し、温度を求めます。

図 13.10 は、流体抵抗網で計算した風量を引用した熱回路網法データ（数式表示）です。

節点数	要素数	発熱節点数	温度固定節点数	計算反復回数			
6	7	5	1	10			

節点1	節点2	熱コンダクタンス	発熱点番号	発熱量	固定点番号	固定温度	熱移動方向性有
6	1	='第13章 装置の流体抵抗データ'!I7*1150	1	60	6	35	1
1	2	='第13章 装置の流体抵抗データ'!I8*1150	2	100			1
2	3	='第13章 装置の流体抵抗データ'!I9*1150	3	10			1
3	5	='第13章 装置の流体抵抗データ'!I10*1150	4	80			1
2	4	='第13章 装置の流体抵抗データ'!I11*1150	5	20			1
4	5	='第13章 装置の流体抵抗データ'!I12*1150					1
5	6	='第13章 装置の流体抵抗データ'!E7*1150					1

図 13.10　流体抵抗計算結果を引用した熱回路網データ（数式表示）

節点番号は流体抵抗網の節点と同じ番号とし、熱コンダクタンスを以下の式で計算しています（（式 2.20）参照）。

$$\text{熱コンダクタンス } G = 風量 \times 空気の密度 \times 空気の比熱$$
$$= 風量 \times 1\,150$$

流体抵抗網法シートの風量データを参照する形式で定義しているため、流体抵抗網計算と連動します。ここでは、外気温度 35 ℃とし、各ブロックを代表する節点に発熱量を与えています。

このモデルは空気の流れのみから構成した熱回路網であるため、筐体表面からの放熱などは考慮していません。これらを考慮したモデルにするには、対流や放射の熱コンダクタンスを加える必要があります。また、この式で求められるのは、各ブロック排気部の空気温度になります。

計算の結果は、図 13.11 に示すとおり、ブロック 4 の温度が最も高く、約 51.5 ℃（温度上昇 16.5 ℃）となりました。

節点数	要素数	発熱節点数	温度固定節点数	計算反復回数
6	7	5	1	10

節点1	節点2	熱コンダクタンス	発熱点番号	発熱量	固定点番号	固定温度	熱移動方向性有
6	1	19.7097329	1	60	6	35	1
1	2	19.7097329	2	100			1
2	3	10.1143863	3	10			1
3	5	10.1143863	4	80			1
2	4	9.59535025	5	20			1
4	5	9.5953491					1
5	6	19.7097369					1

節点番号	温度	温度上昇
1	38.04	3.04
2	43.12	8.12
3	44.11	9.11
4	51.46	16.46
5	48.70	13.70
6	35.00	0.00

図 13.11　熱回路網データと計算結果

13.4　風量調整による温度の均一化

　次に、最高温度を下げるための対策を検討してみましょう。

　図 13.7 に示すように、ブロック 3 とブロック 4 は分岐して並列流路を構成しています。図 13.9 の計算を見ると、ブロック 2 からブロック 3 への流入量（節点 2 ⇒ 節点 3）とブロック 4 への流入量（節点 2 ⇒ 節点 4）は 0.0088 と 0.0083 m^3/s となっており、発熱量が 10 W、80 W と大きく違うのに対して、流量は同レベルになっています。これではブロック 4 の温度は高温になってしまいます。バランスよく冷却するには発熱量に見合った風量を流すことが必要です。

　そこで、ブロック 3 の風量を抑さえ、ブロック 4 への流入風量を増やすため、節点 2 ⇒ 節点 3 の開口率を 5％、それ以外の部分の開口率を 30％に上げてみます。

　その結果、図 13.12 のようにブロック 3 への流入量は大きく減少し、ブロック 4 への流入量が増大しています。そのため、図 13.13 に示すとおり、ブロック 3 の温度は少し高くなるものの、ブロック 4 の温度が下がり、温度の均一化が図られることがわかります。

第 13 章 流体抵抗網法

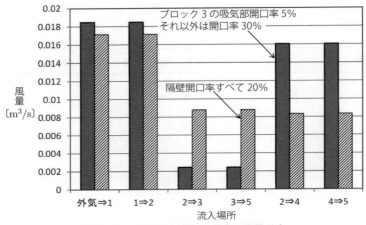

図 13.12　開口率を変えた場合の風量分布

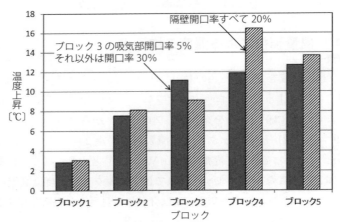

図 13.13　開口率を変えた場合の各ブロック空気温度の変化

　このように、流体抵抗網法はおおまかに流路の大きさや配置を決めるときに便利で、見通しよくパラメータを設定することができます。もちろん、空間の温度や風速、圧力の分布を詳細に求めたい場合には、数値流体力学シミュレーションが必要になります。流体抵抗網法や熱回路網法は、構想設計段階で指針を決める際に有効な手法と言えるでしょう。

第4部
熱回路網法の製品適用を拡大しよう

- 第 14 章　多層プリント基板の詳細解析
- 第 15 章　部品の発熱量推定
- 第 16 章　熱回路網マトリクス演算の高速化
- 第 17 章　Excel と Python の連携による計算の高速化

第14章
多層プリント基板の詳細解析

14.1 分割数を増やした放熱プレートの定常解析モデル

　第9章や第11章では簡単なアルミ板やプリント基板の熱回路モデルを紹介しましたが、実製品で使用するヒートシンクや基板はたくさんの部品が搭載され、多層板になっていることも多いです。構造が複雑になっても熱回路網法の基本的な考え方は変わりませんが、部品点数や層数に応じて分割数を増やす必要があります。

　ここでは 10 × 10 分割の放熱プレートの熱回路モデル例について説明します。Excel サンプル（第 4 部 14 章_多層基板モデル.xlsm）をダウンロードし、「放熱プレート定常（水平置き）」または「放熱プレート定常（垂直置き）」シートを参照してください。

　図 14.1（a）は□ 100 mm の放熱プレートに□ 10 mm の部品を 4 つ実装したモデルです。これを 10 × 10 の領域（以下セル）に分割し、各領域の重心に節点を配した 100 節点のモデルとして計算します（同図（b））。

　サンプルシートでは熱回路モデルのパラメータ変更を容易にするために、主な寸法や物性値は入力エリアでまとめて指定できるようにしています。熱コンダクタンスはこの値を参照して計算式で定義しています。（図 14.2 ～ 14.4）

第 14 章　多層プリント基板の詳細解析

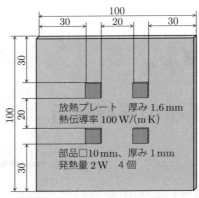
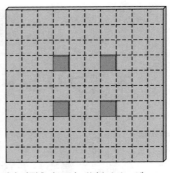

(a) 対象とする放熱プレート　　(b) 領域（セル）分割イメージ
　　　　　　　　　　　　　　　　（縦横を 10 mm 幅で 10 分割した）

図 14.1　4 つの部品を搭載した放熱プレート

（1）入力データの作成

- **計算条件の設定（図 14.2）**

　プレートの全体寸法、厚み、放射率、表面/裏面の熱伝達係数 K、風速、周囲温度を設定します。熱伝達係数 K は、第 2 章（式 2.9）および表 2.1 で示した冷却条件や形状で決まる係数です。

- **セルの面方向 / 厚み方向熱伝導率（図 14.2）**

　その下の表には、縦・横 10 分割された各セルのサイズと熱伝導率を入力します。各セルの幅と高さを〔m〕の単位で入力します。「熱伝導率（面方向）」と「熱伝導率（厚み方向）」の表内に並んだ数値（100）は、熱伝導率を表します。プリント基板など面方向と厚み方向で値が異なる異方性材料に対応できるよう 2 つに分けています。

- **セルの熱伝達率計算のための代表長（図 14.3）**

　第 2 章（式 2.9）を用いて各セルの熱伝達率を計算するときに必要な「代表長さ L」をセル単位で定義しています。水平置きのプレートではプレートの短辺を、垂直置きのプレートでは下端から各セルの重心までの垂直方向の長さ（前縁からの距離）を入力します。

- **部品の計算に必要な情報（図 14.3）**

　放熱プレートに実装した部品の熱計算に必要な情報が定義されています。

14.1 分割数を増やした放熱プレートの定常解析モデル

プレート寸法縦mm	100
プレート寸法横mm	100
放射率	0.9
表面熱伝達係数K	0.54
裏面熱伝達係数K	0.27
風速 m/s	0
周囲温度 ℃	35
板厚mm	0.002

熱伝導率（面方向）

	1	2	3	4	5	6	7	8	9	10
	0.01	0.01	0.01	0.01	0.01	0.01	0.01	0.01	0.01	0.01
1	0.01	100	100	100	100	100	100	100	100	100
2	0.01	100	100	100	100	100	100	100	100	100
3	0.01	100	100	100	100	100	100	100	100	100
4	0.01	100	100	100	100	100	100	100	100	100
5	0.01	100	100	100	100	100	100	100	100	100
6	0.01	100	100	100	100	100	100	100	100	100
7	0.01	100	100	100	100	100	100	100	100	100
8	0.01	100	100	100	100	100	100	100	100	100
9	0.01	100	100	100	100	100	100	100	100	100
10	0.01	100	100	100	100	100	100	100	100	100

熱伝導率（厚み方向）

1	2	3	4	5	6	7	8	9	10
100	100	100	100	100	100	100	100	100	100
100	100	100	100	100	100	100	100	100	100
100	100	100	100	100	100	100	100	100	100
100	100	100	100	100	100	100	100	100	100
100	100	100	100	100	100	100	100	100	100
100	100	100	100	100	100	100	100	100	100
100	100	100	100	100	100	100	100	100	100
100	100	100	100	100	100	100	100	100	100
100	100	100	100	100	100	100	100	100	100
100	100	100	100	100	100	100	100	100	100

図 14.2　熱回路網モデル生成のための入力エリア（セルの寸法と熱伝導）

○ 部品表面積（m^2）：部品の表面積（底面は除く）を入力します。
○ 代表長さ（m）：部品の代表長さを入れます。上面の短辺をデフォルトとします。
○ 実装位置（セル番号）：部品が搭載されるセルの番号を入力します。

　ここではセルの番号（節点番号）を以下のようなルールで付与しています。

第 14 章 多層プリント基板の詳細解析

代表長
（局所熱伝達率は前縁距離、平均熱伝達率は辺の長さ）

	1	2	3	4	5	6	7	8	9
1	0.095	0.095	0.095	0.095	0.095	0.095	0.095	0.095	0.095
2	0.085	0.085	0.085	0.085	0.085	0.085	0.085	0.085	0.085
3	0.075	0.075	0.075	0.075	0.075	0.075	0.075	0.075	0.075
4	0.065	0.065	セルの熱伝達率計算のための代表長				0.065	0.065	0.065
5	0.055	0.055					0.055	0.055	0.055
6	0.045	0.045	0.045	0.045	0.045	0.045	0.045	0.045	0.045
7	0.035	0.035	0.035	0.035	0.035	0.035	0.035	0.035	0.035
8	0.025	0.025	0.025	0.025	0.025	0.025	0.025	0.025	0.025
9	0.015	0.015	0.015	0.015	0.015	0.015	0.015	0.015	0.015
10	0.005	0.005	0.005	0.005	0.005	0.005	0.005	0.005	0.005

部品の計算に必要な情報

実装部品	部品1	部品2	部品3	部品4
部品表面積(m^2)	0.00014	0.00014	0.00014	0.00014
代表長さ(m)	0.01	0.01	0.01	0.01
実装位置（セル番号）	35	38	65	68
空気番号（1か102）	1	1	1	1
ケースの放射率	0.9	0.9	0.9	0.9
熱伝達率係数K	0.54	0.54	0.54	0.54
熱抵抗 θjc	0	0	0	0
熱抵抗 θcb	0.08	0.08	0.08	0.08
部品発熱量（W）	2	2	2	2

図 14.3　熱回路網モデル生成のための入力エリア（熱伝達率 / 部品）

○ 1 番はプレート表面側周囲の空気（空気温度は一定とみなしている）とします。

○ プレートは左上を 2 番として始まり、縦方向に 1 ずつ増加、右下（101）が最終番号とします。

○ 裏面側の空気は最終番号（102）とします。

この例では部品 1 を 4 列-4 行のセルに載せているので、実装位置（搭載されるセルの節点番号）は 35 になります（図 14.4 参照）。

表面（部品搭載面）の空気　1

部品実装位置

2	12	22	32	42	52	62	72	82	92
3	13	23	33	43	53	63	73	83	93
4	14	24	34	44	54	64	74	84	94
5	15	25	35	45	55	65	75	85	95
6	16	26	36	46	56	66	76	86	96
7	17	27	37	47	57	67	77	87	97
8	18	28	38	48	58	68	78	88	98
9	19	29	39	49	59	69	79	89	99
10	20	30	40	50	60	70	80	90	100
11	21	31	41	51	61	71	81	91	101

裏面の空気　102

図 14.4　分割したセル（節点）の番号配置

○ 空気番号（1 か 102）：部品が表面に搭載された場合、表側の空気に放熱するので番号は 1、裏面側搭載であれば 102 になります。
○ ケースの放射率：部品ケースの放射率を入力します。
○ 熱伝達率係数 K：部品の熱伝達率計算に用いる係数（表 2.1）を指定します。
○ 熱抵抗 θ_{jc}：ジャンクション・ケース間の熱抵抗（11.1 節参照）を入力します。
○ 熱抵抗 θ_{cb}：部品底面からプレート節点までの熱抵抗を入力します。部品とプレート間の熱抵抗が 0 でも、プレート表面から板厚センターまでの熱抵抗を入れます。
○ 部品発熱量（W）：部品の発熱量を入力します。

部品入力欄と部品熱回路データを追加することで、部品の数を増やすことができます。

(2) 熱回路データの作成

入力されたデータを引用して熱回路網データを以下の 3 ステップで作成します。

Step1 プレート面内の縦方向の熱伝導のつながり（熱コンダクタンス）と横方向の熱伝導のつながり（熱コンダクタンス）を作成します。
Step2 プレート表面からの対流、熱放射の熱コンダクタンスを作成します。
Step3 部品のモデルを作成し、プレートに搭載（節点を接続）します。

Step1 は各セルの重心節点間を熱コンダクタンスで接続する作業です。各セルの節点（重心）から境界までの熱抵抗を直列に合成し、逆数にして熱コンダクタンスにします（図 14.5）。

Step2 は各セルの重心節点から周囲空気までの接続です。ここでは以下に留意します。

● セルの節点は重心位置（板厚中央）にあるので板厚の 1/2 の熱伝導抵抗を考慮する（プレートの熱伝導率が大きく、板厚が薄い場合は無視してもよい）。
● 表面からは対流熱コンダクタンスと放射熱コンダクタンスを並列に接続す

第14章 多層プリント基板の詳細解析

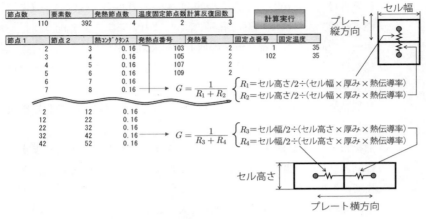

図 14.5 セル間の熱伝導コンダクタンス設定

る（放射熱コンダクタンスは本来周囲の壁面に接続されるが、壁面も室温とみなし、近似的に空気節点に接続する）。

- 自然対流や熱放射のコンダクタンスは温度依存性があるので、計算結果の温度を参照して式を作成する。
- 自然空冷、強制空冷どちらにも適用できるよう、風速によって熱コンダクタンスの計算式をスイッチする。

プレート（中央）から空気までの熱コンダクタンスは板厚方向の熱伝導と表面からの対流と放射の熱コンダクタンスが合成されたもので、図 14.6 のような構成になります。平板の表裏それぞれの表面に節点を設けて熱伝導と対流・

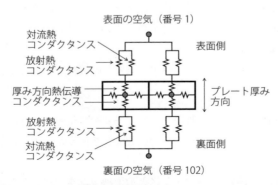

図 14.6 厚み方向の熱伝導と表面の対流/放射熱コンダクタンス

放射を分けることも考えられますが、ここでは節点数を減らすためにひとまとまりの熱コンダクタンスとしました。

対流熱コンダクタンスは、自然対流、強制対流どちらにも対応できるように、あらかじめ両方の熱コンダクタンスを計算しておき、指定された風速が0の場合、自然対流、0以外の場合は強制対流の値を選択するようにしています。

図14.7のD列には自然対流＋熱放射の熱コンダクタンス、E列には強制対流＋熱放射の熱コンダクタンスが設定してあります。C列では風速が0か否かによってD列E列のどちらかをif文で選択しています。

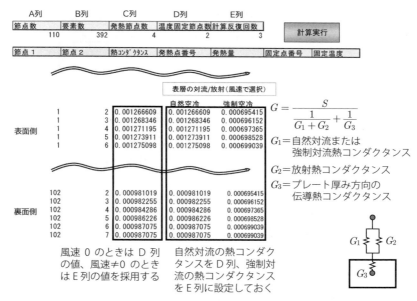

図14.7 各セルの重心節点から空気までの熱コンダクタンス計算

Step3は部品の取り付けです。

部品の熱回路モデルは11.3節で紹介した2節点3熱抵抗のモデルを使用します。図14.8に示すように、部品はジャンクション（チップ／ダイ）節点とケース（部品パッケージ）の2つの節点で構成します。部品1ではジャンクションを103、ケースを104としています。ジャンクションとケースはθ_{jc}〔K/W〕の逆数G_1〔W/K〕で接続されます。ケースからは基板への放熱ルートG_2と空気への放熱（対流・放射）ルートG_3の2つで放熱経路が構成されます。

第 14 章　多層プリント基板の詳細解析

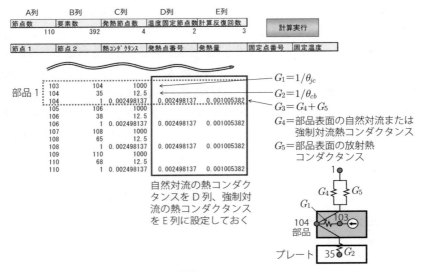

図 14.8　部品モデルデータの作成

　ケース表面からの対流・放射熱コンダクタンスは基板と同様に自然対流、強制対流に対応できるようあらかじめ D 列、E 列に設定しておきます。

　これでモデルは完成です。

(3) 計算と結果の表示

　反復回数を 3 〜 5 回程度にして計算実行ボタンを押すと、モデルデータの下に計算結果が表示されます。温度一覧ではわかりにくいので、分割レイアウトと同じに結果を並べ替えると、図 14.9 が得られます。

　Excel の「条件付き書式」を用いてカラースケールを設定すると、わかりやすいイメージになります。

　計算の結果、部品温度はすべて 73.2 ℃になっています。比較のため熱流体シミュレーションソフト（Simcenter^{TM} Flotherm^{TM} Software[1]：以下 Simcenter Flotherm）の結果を図 14.10 に示しました。ほとんど同じ温度が得られています。

---

[1]　Simcenter^{TM} Flotherm^{TM} は Siemens Industry Software Inc. の登録商標となります。

14.1 分割数を増やした放熱プレートの定常解析モデル

プレート温度

66.57	66.79	67.15	67.50	67.66	67.66	67.50	67.15	66.79	66.57
66.79	67.09	67.62	68.16	68.27	68.27	68.16	67.62	67.09	66.79
67.15	67.62	68.55	69.71	69.47	69.47	69.71	68.55	67.62	67.15
67.50	68.16	69.71	73.15	70.92	70.92	73.15	69.71	68.16	67.50
67.66	68.27	69.47	70.92	70.67	70.67	70.92	69.47	68.27	67.66
67.66	68.27	69.47	70.92	70.67	70.67	70.92	69.47	68.27	67.66
67.50	68.16	69.71	73.15	70.92	70.92	73.15	69.71	68.16	67.50
67.15	67.62	68.55	69.71	69.47	69.47	69.71	68.55	67.62	67.15
66.79	67.09	67.62	68.16	68.27	68.27	68.16	67.62	67.09	66.79
66.57	66.79	67.15	67.50	67.66	67.66	67.50	67.15	66.79	66.57

部品温度

	部品1	部品2	部品3	部品4
ジャンクション	73.16	73.16	73.16	73.16
ケース	73.15	73.15	73.15	73.15

図 14.9 プレートの温度分布(水平置き)計算結果

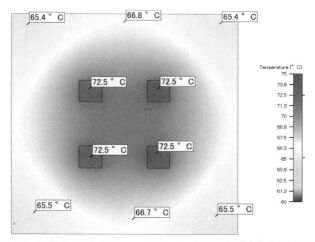

図 14.10 熱流体解析(Simcenter Flotherm)の計算結果(水平置き)

プレートを垂直置きにした場合の結果を図 14.11 に示します。垂直置きの熱伝達率計算には、局所熱伝達率を使用するため、表面 / 裏面熱伝達率を 0.45 に設定し、各セルの代表長を下端(前縁)からの距離に置き換えます。部品の熱伝達係数は 0.56 にします。この結果も熱流体シミュレーションの結果(図 14.12)とよく一致しています。

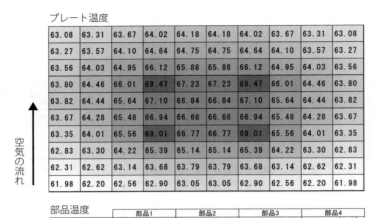

図 14.11 プレートの温度分布（垂直置き）計算結果

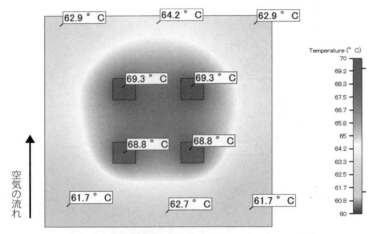

図 14.12 熱流体解析（Simcenter Flotherm）の計算結果（垂直置き）

　強制空冷の計算を行う場合には、風速を指定します。風向は代表長さの指定によって変わります。左から右向きに風速を与える場合には、左端から各セル重心までの距離を代表長として与えます。下から上に向かって流れが発生する条件での強制空冷の計算結果が図 14.13 です。こちらも熱流体シミュレーションの結果（図 14.14）とよく一致しています。

14.1 分割数を増やした放熱プレートの定常解析モデル | 177

プレート温度

43.47	43.67	43.99	44.30	44.44	44.44	44.30	43.99	43.67	43.47
43.57	43.84	44.32	44.81	44.90	44.90	44.81	44.32	43.84	43.57
43.70	44.13	44.98	46.06	45.81	45.81	46.06	44.98	44.13	43.70
43.75	44.35	45.79	49.08	46.89	46.89	49.08	45.79	44.35	43.75
43.54	44.10	45.20	46.55	46.27	46.27	46.55	45.20	44.10	43.54
43.16	43.71	44.80	46.14	45.86	45.86	46.14	44.80	43.71	43.16
42.60	43.19	44.61	47.89	45.69	45.69	47.89	44.61	43.19	42.60
41.85	42.26	43.08	44.14	43.87	43.87	44.14	43.08	42.26	41.85
41.11	41.36	41.80	42.25	42.33	42.33	42.25	41.80	41.36	41.11
40.58	40.75	41.03	41.30	41.41	41.41	41.30	41.03	40.75	40.58

空気の流れ ↑

部品温度

	部品1	部品2	部品3	部品4
ジャンクション	49.23	48.04	49.23	48.04
ケース	49.23	48.04	49.23	48.04

図 14.13　プレートの温度分布（風速 3 m/s）計算結果

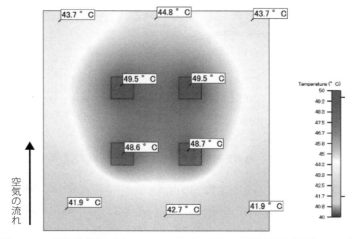

図 14.14　熱流体解析（Simcenter Flotherm）の計算結果（風速 3 m/s）

14.2　放熱プレートの過渡熱解析モデル

　放熱プレートの過渡熱解析も第 10 章で説明した方法で行うことができます。過渡熱解析のためには熱容量が必要となるので、図 14.15 に示すように、熱容量データを設定します（「放熱プレート非定常」シート参照）。

	プレート	部品
密度	2710	1850
比熱	950	1100

解析に使用する材料の密度と比熱を入力します。

熱容量 節点番号	熱容量	初期温度(℃)
2	0.41192	35
3	0.41192	35
4	0.41192	35
5	0.41192	35
6	0.41192	35
〜	〜	〜
103	0.2035	35
104		35
105	0.2035	35
106		35
107	0.2035	35
108		35
109	0.2035	35
110		35

プレートの熱容量を
　＝各セルの体積 × 密度 × 比熱
で計算します。
初期温度は自由に設定できますが、ここでは室温としています。

部品の熱容量を
　＝部品の体積 × 密度 × 比熱
で計算します。
ジャンクションの節点、ケースの節点とも熱容量節点番号に入力します。ここではチップの熱容量を 0 としてケースの熱容量にまとめています。

図 14.15　過渡熱解析のための熱容量データの入力欄

　まず、熱容量節点に温度固定した節点（1, 102）を除くすべての節点を記述します。熱容量がなくても初期温度の設定が必要なためです。プレートに配置された重心節点、部品節点には、熱容量〔J/K〕＝体積〔m^3〕×密度〔kg/m^3〕×比熱〔$J/(kg\,K)$〕で計算した値を設定します。これらの値も入力エリアに設定した値を参照して計算するようにします。

部品はジャンクション（チップ）とケースの2節点で構成されますが、ここではケース節点に部品の熱容量をまとめています。ジャンクションは部品ケースよりも速く温度変化するので、より詳しい解析を行うには熱容量を分けて入れます。その場合、θ_{jc}の影響が大きいので、こちらも正確に入れます。

部品1のジャンクション（103）に0.2 W、部品2のジャンクション（105）に1.3 W、部品3のジャンクション（107）に5 W、部品4のジャンクション（109）に1.5 Wを設定した結果（プレート垂直置き）を図14.16に示します。

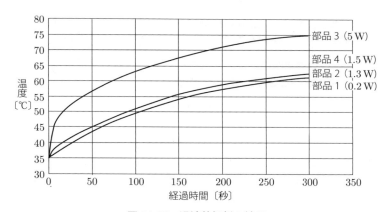

図 14.16　過渡熱解析の結果

14.3　多層基板の熱回路モデル（1層）

ここまでは等方性の材料からなる放熱プレートを対象としてきました。アルミ板などの放熱プレートに部品を載せる場合はこれで問題ありませんが、プリント基板は銅とエポキシ、ガラス繊維など著しく熱伝導率が異なる材料から構成される複合材料であり、熱伝導率は異方性をもちます。

(1)　等価熱伝導率使用上の注意

異方性を考慮して計算を行うには、あらかじめプリント基板の等価熱伝導率を計算します。等価熱伝導率の計算方法は11.3節で説明していますが、多層になると手順が複雑になるのでExcel計算シート（PCBの等価熱伝導率シート）を用意しました。

第 14 章 多層プリント基板の詳細解析

ここでは図 14.17（a）に示す構成の 4 層基板を対象とします。結果は面方向熱伝導率 29.92 W/(m K)、厚み方向熱伝導率 0.443 W/(m K) となりました。

この結果を「基板等価熱伝導率（1 層）」シートの熱伝導率（面方向／厚み方向）に設定します。また部品から基板への熱抵抗 θ_{cb} には基板表面から基板中央までの熱抵抗を含む必要があるので、基板厚み/2 ÷（セル表面積×厚み方向熱伝導率）を入力します。計算結果を図 14.18（a）に示します。

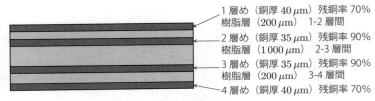

(a) プリント基板の層構成

(b) 等価熱伝導率の計算結果

図 14.17　プリント基板の構成と等価熱伝導率
（銅の熱伝導率を 385 W/(m K)、エポキシの熱伝導率を 0.4 W/(m K) とした）

14.3 多層基板の熱回路モデル（1層）

プレート温度

58.94	59.53	60.50	61.42	61.81	61.81	61.42	60.50	59.53	58.94
59.45	60.27	61.72	63.20	63.45	63.45	63.20	61.72	60.27	59.45
60.27	61.58	64.19	67.54	66.71	66.71	67.54	64.19	61.58	60.27
60.99	62.84	67.33	77.69	70.69	70.69	77.69	67.33	62.84	60.99
61.12	62.83	66.23	70.42	69.50	69.50	70.42	66.23	62.83	61.12
60.82	62.53	65.92	70.10	69.18	69.18	70.10	65.92	62.53	60.82
60.10	61.94	66.41	76.77	69.75	69.75	76.77	66.41	61.94	60.10
58.84	60.13	62.72	66.04	65.19	65.19	66.04	62.72	60.13	58.84
57.56	58.36	59.78	61.23	61.46	61.46	61.23	59.78	58.36	57.56
56.73	57.29	58.23	59.12	59.49	59.49	59.12	58.23	57.29	56.73

部品温度

	部品1	部品2	部品3	部品4
ジャンクション	109.73	108.87	109.73	108.87
ケース	109.73	108.87	109.73	108.87

(a) プレート節点−部品間距離を板厚の1/2とした計算

プレート温度

59.94	60.55	61.57	62.55	62.95	62.95	62.55	61.57	60.55	59.94
60.47	61.34	62.86	64.41	64.67	64.67	64.41	62.86	61.34	60.47
61.34	62.70	65.45	68.97	68.09	68.09	68.97	65.45	62.70	61.34
62.09	64.03	68.75	79.63	72.27	72.27	79.63	68.75	64.03	62.09
62.22	64.02	67.59	71.99	71.02	71.02	71.99	67.59	64.02	62.22
61.91	63.70	67.26	71.66	70.68	70.68	71.66	67.26	63.70	61.91
61.16	63.09	67.79	78.66	71.28	71.28	78.66	67.79	63.09	61.16
59.84	61.19	63.90	67.40	66.50	66.50	67.40	63.90	61.19	59.84
58.49	59.33	60.82	62.34	62.59	62.59	62.34	60.82	59.33	58.49
57.62	58.21	59.19	60.13	60.51	60.51	60.13	59.19	58.21	57.62

部品温度

	部品1	部品2	部品3	部品4
ジャンクション	84.69	83.72	84.69	83.72
ケース	84.69	83.72	84.69	83.72

(b) プレート節点−部品間距離を等価距離とした計算

図 14.18　プリント基板の異方性等価熱伝導率を考慮した計算結果
（プレート温度の差は少ないが、部品温度は大きく異なる）

部品の温度が100℃を超える高い温度になっています。

基板を等価熱伝導率のブロックで表現する際に気を付けなければならないのは、「等価熱伝導率」にすると銅箔の位置情報を失うことです。図14.19に示すように銅箔がどの位置にあっても等価熱伝導率は同じになりますが、実際には銅箔が部品に近い位置にある方（b）が部品は冷えやすく、温度は下がります。

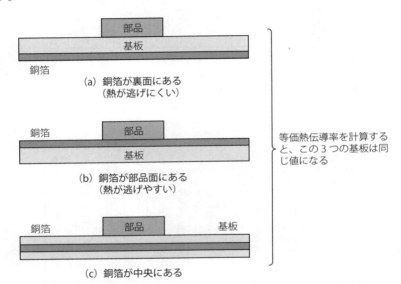

図14.19　等価熱伝導率は各材料の体積比で重みづけ平均した値であり、銅箔の位置情報はもっていない

熱回路網モデルでは板厚中央に銅箔がある（c）に近い条件で計算しているので表面近くに銅箔がある場合は計算の方が温度が高めになります。

これを改善するには、各銅層の熱コンダクタンスを部品からの距離の近さで荷重平均した等価距離を使用します。具体的には θ_{cb} に等価距離÷（セル表面積×厚み方向熱伝導率）を使用します。等価距離はPCB等価熱伝導率計算シート（図14.17（b））で計算できます。

熱流体解析モデルにおいても、基板を等価熱伝導率ブロックで表現したモデルは精度が低下します。図14.20は基板を等価熱伝導率ブロックでモデル化した結果、図14.21は層構成を詳細にモデル化した結果です。両者を比較すると、等価熱伝導率モデルのほうが高めの温度になっていることがわかります。

14.3 多層基板の熱回路モデル（1層） 183

熱回路網法でも θ_{cb} を等価距離で計算した結果（14.18（b））は、銅箔層を詳細にモデル化した結果（図14.21）と近い値になっています。

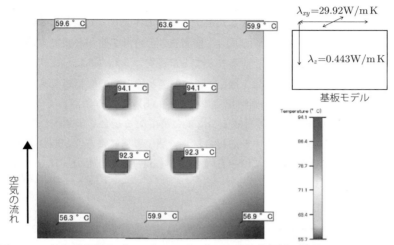

図 14.20　等価熱伝導率ブロックでモデル化した熱流体解析の結果
（銅箔層を詳細にモデル化した結果よりも部品温度が高めになっている）

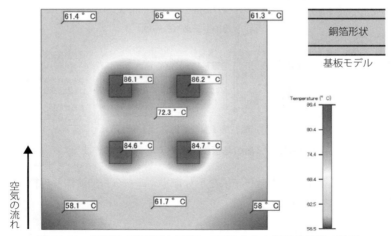

図 14.21　銅箔層／樹脂層を詳細にモデル化した熱流体解析の結果

14.4　多層基板の熱回路モデル（3層）

次に、熱回路モデルも板厚方向に多層化したモデルに拡張してみましょう。ここでは厚み方向を3層に分割したモデルにしてみます。対象としている4層基板の全層を表現するには銅箔層4＋樹脂層3の合計7層が必要ですが、ここでは複数層をまとめて1層とすることでモデルをコンパクトにします。

図 14.22（a）に示すように1層、2層の銅箔とその間の樹脂層をあわせて第1層とします。第1層の等価熱伝導率は同図（b）のように計算でき、83.59 W/(m K) となります。コア層は1つにまとめて第2層とします。ここはガラエポ層（ガラス繊維とエポキシの複合材）で熱伝導率に異方性があります。ここでは面方向 0.8 W/(m K)、厚み方向 0.4 W/(m K) としました。第3層は第1層と同じになります。

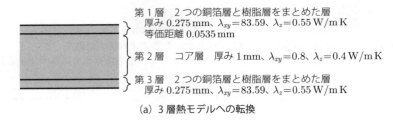

(a) 3層熱モデルへの転換

(b) 第1層、第3層の等価熱伝導率計算

図 14.22　3層の基板熱回路モデルデータの作成

図 14.23 にこのモデルの計算結果を示します。こちらも熱流体解析結果に近い値が得られています。

基板温度

第1層

59.27	59.90	60.94	61.94	62.34	62.34	61.94	60.94	59.90	59.27
59.82	60.71	62.30	63.97	64.15	64.15	63.97	62.30	60.71	59.81
60.70	62.14	65.17	69.47	67.91	67.91	69.47	65.17	62.14	60.70
61.48	63.59	69.24	85.70	72.98	72.98	85.70	69.24	63.59	61.48
61.60	63.49	67.40	72.69	70.96	70.96	72.69	67.40	63.49	61.60
61.28	63.17	67.07	72.35	70.62	70.62	72.35	67.07	63.17	61.28
60.53	62.63	68.26	84.71	71.97	71.97	84.71	68.26	62.63	60.53
59.18	60.60	63.59	67.87	66.29	66.29	67.87	63.59	60.60	59.18
57.80	58.67	60.23	61.86	62.03	62.03	61.86	60.23	58.67	57.80
56.92	57.52	58.52	59.48	59.85	59.85	59.48	58.52	57.52	56.92

第2層

59.27	59.90	60.93	61.91	62.32	62.31	61.91	60.92	59.90	59.27
59.81	60.69	62.23	63.79	64.06	64.06	63.79	62.23	60.69	59.81
60.69	62.07	64.85	68.42	67.52	67.52	68.42	64.85	62.07	60.69
61.45	63.41	68.19	79.03	71.76	71.76	79.03	68.19	63.41	61.45
61.58	63.40	67.01	71.47	70.48	70.48	71.47	67.01	63.40	61.58
61.26	63.07	66.68	71.13	70.14	70.14	71.13	66.68	63.07	61.26
60.50	62.46	67.22	78.04	70.75	70.75	78.04	67.22	62.46	60.50
59.17	60.53	63.28	66.82	65.90	65.90	66.82	63.28	60.53	59.17
57.80	58.65	60.16	61.69	61.93	61.93	61.69	60.16	58.65	57.80
56.92	57.52	58.51	59.45	59.84	59.84	59.45	58.51	57.52	56.92

第3層

59.26	59.88	60.90	61.86	62.28	62.28	61.86	60.90	59.88	59.26
59.80	60.66	62.14	63.60	63.95	63.95	63.60	62.14	60.65	59.80
60.66	61.98	64.51	67.35	67.11	67.11	67.35	64.51	61.98	60.66
61.40	63.22	67.13	72.80	70.52	70.52	72.80	67.13	63.22	61.40
61.54	63.29	66.60	70.23	69.97	69.97	70.23	66.60	63.29	61.54
61.22	62.96	66.27	69.89	69.63	69.63	69.89	66.27	62.96	61.22
60.46	62.26	66.15	71.81	69.51	69.51	71.81	66.15	62.26	60.46
59.14	60.44	62.94	65.75	65.49	65.49	65.75	62.94	60.44	59.14
57.79	58.62	60.07	61.50	61.82	61.82	61.50	60.07	58.62	57.79
56.91	57.50	58.48	59.40	59.80	59.80	59.40	58.48	57.50	56.91

部品温度

	部品1	部品2	部品3	部品4
ジャンクション	87.50	86.52	87.50	86.52
ケース	87.50	86.52	87.50	86.52

図 14.23　3層の基板熱回路モデルデータの計算結果

14.5　サーマルビアと部品形状

(1) サーマルビアを設けた場合の効果予測

　9.4節で部品の熱を内層や裏面の銅箔に逃がすための「サーマルビア」について熱回路モデルで計算を行いましたが、このときのモデルは1部品を対象とした1次元モデルでした。隣接する部品間の影響を受ける場合には多層基板の熱回路モデルを使用します。多層基板のモデルではサーマルビアの効果は「基材の厚み方向の熱伝導率の増大」として表現します。

　部品直下にサーマルビアを設けたときの基材の厚み方向の熱伝導率 λ_{eq} は、基材の熱伝導コンダクタンス G_{pcb} を、サーマルビアの熱伝導コンダクタンスを G_{via} として、以下の式で計算できます。

$$\lambda_{eq} = (G_{pcb} + G_{via}) \times \frac{\text{基板の厚み}}{\text{部品の底面積}} \qquad \text{（式 14.1）}$$

ただし、

基材の熱伝導コンダクタンス G_{pcb}

$$= \text{部品の底面積} \times \frac{\text{基材熱伝導率（厚み方向）}}{\text{基板の厚み}} \qquad \text{（式 14.2）}$$

サーマルビアの熱伝導コンダクタンス G_{via}

$$= \text{ビアメッキの断面積} \times \text{ビア本数} \times \frac{\text{銅（メッキ）の熱伝導率}}{\text{基板の厚み}} \qquad \text{（式 14.3）}$$

なので、まとめると以下の式になります。

サーマルビアを設けた時の等価熱伝導率 λ_{eq}

$$= \text{基材の熱伝導率（厚み方向）} + \text{銅の熱伝導率} \times \frac{\text{ビアメッキの総断面積}}{\text{部品底面積}} \qquad \text{（式 14.4）}$$

これも PCB 等価熱伝導率計算シートで計算できます。図 14.24 のようにサーマルビア内径やメッキ厚、本数を入力します。スルーホールの場合はすべての層間に入力します。1.149 W/(m K) の値が得られました。

ビア設置領域幅 (mm)　10　　ビア設置領域奥行 (mm)　10

	材料の熱伝導率 (W/mK)	層厚さ (mm)	銅箔残存率 (ベタ=1, なし=0)	本数 (本)	ビア内径 (mm)	メッキ厚 (mm)	メッキ熱伝導率 (W/mK)
1 層目	385	0.04	0.7	-	-	-	-
1-2層間	0.4	0.2	-	12	0.2	0.02	385
2 層目	385	0.035	0.9	-	-	-	-
2-3層間	0.4	1	-	12	0.2	0.02	385
3 層目	385	0.035	0.9	-	-	-	-
3-4層間	0.4	0.2	-	12	0.2	0.02	385
4 層目	385	0.04	0.7	-	-	-	-
4-5層間	0.4	0	-	0	0.2	0.02	385
5 層目	385	0	0.9	-	-	-	-
5-6層間	0.4	0	-	0	0.2	0.02	385
6 層目	385	0	0.6	-	-	-	-
6-7層間	0.4	0	-	0	0.2	0.02	385
7 層目	385	0	1	-	-	-	-
7-8層間	0.4	0	-	0	0.2	0.02	385
8 層目	385	0	1				
トータル板厚		1.55					

面方向等価熱伝導率 (W/mK)　29.92

厚み方向等価熱伝導率 (W/mK)　1.1494786

部品面からの等価距離 (mm)　0.1201669

図 14.24　サーマルビアを設けたときの厚み方向等価熱伝導率

この値を部品 1 直下の基板のセル（35, 135, 235 の 3 つ）の厚み方向等価熱伝導率に設定して計算すると、図 14.25 のとおり、部品温度が 4℃弱下がりました。またサーマルビアを介して熱が伝わることにより、基板の裏面側の温度が上昇していることがわかります。

14.5 サーマルビアと部品形状

基板温度

第1層

59.32	59.95	60.99	61.98	62.38	62.38	61.98	60.97	59.93	59.30
59.87	60.76	62.33	63.96	64.18	64.19	64.01	62.33	60.74	59.84
60.75	62.17	65.10	69.10	67.84	67.93	69.50	65.20	62.17	60.73
61.52	63.58	68.87	83.04	72.61	72.96	85.72	69.27	63.62	61.50
61.64	63.52	67.33	72.32	70.89	70.98	72.72	67.43	63.52	61.62
61.32	63.20	67.09	72.33	70.63	70.65	72.38	67.09	63.19	61.30
60.57	62.67	68.30	84.74	72.00	72.00	84.74	68.29	62.65	60.55
59.21	60.63	63.62	67.89	66.32	66.32	67.89	63.62	60.62	59.20
57.83	58.70	60.26	61.89	62.05	62.05	61.88	60.25	58.69	57.82
56.94	57.54	58.54	59.50	59.88	59.87	59.50	58.54	57.54	56.93

第2層

59.33	59.95	60.99	61.97	62.37	62.36	61.95	60.96	59.93	59.30
59.87	60.75	62.29	63.86	64.12	64.11	63.83	62.26	60.72	59.84
60.75	62.14	64.92	68.51	67.59	67.57	68.46	64.88	62.10	60.71
61.51	63.48	68.28	79.31	71.84	71.81	79.07	68.23	63.43	61.47
61.63	63.46	67.08	71.55	70.54	70.53	71.51	67.04	63.42	61.60
61.30	63.12	66.73	71.19	70.18	70.17	71.16	66.70	63.10	61.28
60.54	62.50	67.26	78.08	70.79	70.78	78.07	67.24	62.48	60.52
59.20	60.56	63.31	66.85	65.93	65.93	66.84	63.30	60.55	59.18
57.83	58.68	60.18	61.71	61.96	61.96	61.71	60.18	58.67	57.82
56.95	57.55	58.53	59.47	59.86	59.86	59.47	58.53	57.54	56.94

第3層

59.32	59.94	60.97	61.94	62.34	62.33	61.90	60.93	59.91	59.29
59.86	60.73	62.24	63.75	64.04	64.01	63.64	62.17	60.68	59.83
60.73	62.08	64.73	67.90	67.32	67.19	67.40	64.55	62.01	60.68
61.47	63.37	67.67	75.76	71.05	70.65	72.86	67.16	63.25	61.43
61.60	63.38	66.81	70.76	70.18	70.05	70.27	66.63	63.31	61.57
61.27	63.02	66.35	70.02	69.71	69.68	69.92	66.29	62.99	61.24
60.49	62.31	66.20	71.86	69.54	69.54	71.83	66.17	62.29	60.48
59.17	60.48	62.98	65.79	65.52	65.52	65.78	62.96	60.46	59.16
57.81	58.65	60.10	61.52	61.85	61.85	61.52	60.09	58.64	57.80
56.94	57.53	58.50	59.42	59.82	59.82	59.42	58.49	57.52	56.93

部品温度

	部品1	部品2	部品3	部品4
ジャンクション	83.91	86.55	87.51	86.53
ケース	83.91	86.55	87.51	86.53

図 14.25　部品1の直下に12本のサーマルビアを設けた場合の計算結果

(2) さまざまな大きさ、形状の部品を混載する場合

今回紹介したモデルは同じ大きさの部品を1セルに1つ実装した単純な形状でしたが、セルに収まりきらない大きな部品を扱う場合には、部品を複数のセルに分けて入力します（図 14.26）。その場合、以下に注意してください。

- 部品の消費電力は分けた部品の底面積で比例配分する
- 表面積は分けた部品それぞれに割り振るが総表面積は変わらないようにする
- θ_{jc}, θ_{cb} は分けた部品の底面積に反比例した値とする。
  （図 14.26 の例では 1/9 の部分は9倍の値とする）

なお、注目する部品に対して影響を及ぼす隣接部品はおおむね周囲 30 mm（半径）以内の距離にあるものです。注目する部品近くの基板の一部を切り出してモデル化することでコンパクトなモデルを作成できます。

第 14 章 多層プリント基板の詳細解析

上記比率で 1:2:2:4 に分割された部品では発熱量を面積比で分割

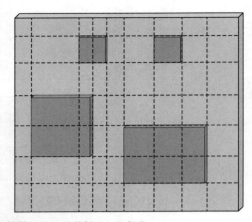

図 14.26　複数のセルに分割された部品

第15章 部品の発熱量推定

15.1 熱設計に重要な部品の発熱量

　一般に電子機器の熱設計では、部品の発熱量（消費電力）を既知、温度を未知として、熱解析を行います。しかし、部品の発熱量が不明、あいまいといったケースも少なくありません。

　図15.1は熱設計の課題について行ったアンケートの結果ですが、多くの方が「消費電力（発熱量）の推定」を課題に挙げています。高集積化が進んだロ

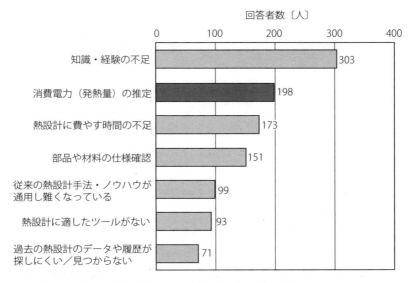

図15.1　熱設計における課題は何か？（アンケート）
　　　　［出典：サーマルマネジメントセミナー 2023 アンケート結果］

ジックデバイスでは、個々の部品のばらつきや温度上昇によるリーク電流の増大、サーマルスロットリング（温度によってクロックを自動制御）による消費電力制御などその発熱量は変動します。このため設計段階ではTDP（Thermal Design Power：熱設計時に想定する消費電力）が使用されます。パワーデバイスはスイッチング動作で消費電力が変化しますが、基板のインピーダンスも関係するため、正確に求めるには電流波形の測定が必要になります。

そこで熱回路網法を使用して温度から消費電力を推定する手法が役に立ちます。通常の温度予測とは逆に測定した温度を入力として発熱量を推定します。

例えば、下記のような場面で利用できます。

① 温度はわかっているが消費電力がわからない
② 許容温度を超えない範囲でどこまで発熱量を増やせるか知りたい

ここでは熱回路網法を使った発熱量の推定方法について説明します。

(1) 解析結果から発熱量を逆算する方法

図9.1で例に挙げたアルミプレートで発熱量を逆算してみましょう。まず発熱量を与えて通常どおり温度を求める計算を行います。節点2が5W、節点6が3Wです（図15.2 (a)）。

その結果、各節点の温度が表示されるので、そのうちの節点2と節点6の温度をコピーして温度固定条件として設定します。設定するのは熱源である2点だけです（図15.2 (b)）。

次に得られた結果から熱流の分析を行います。

節点2で発生した熱は、プレート左側の節点1への熱伝導、右側の節点3への熱移動、および節点2から直接空気への対流と熱放射の計4つのルートで放熱します。この熱流は温度が求められているので簡単に計算できます。

例えば$2 \Rightarrow 1$への熱移動W_{12}は、$W_{12} = G_{12} \times (T_2 - T_1)$で求められます。

4つの経路の熱流量を求めると、節点2の発熱量5Wと等しくなります。節点6についても同様に3Wとなります。

部品の温度を正確に把握できれば発熱量を正確に逆算できることがわかります。

この原理を使用すれば、さまざまなケースで発熱量の推定が可能になります。

節点数	要素数	発熱節点数	温度固定節点数	計算反復回数		
7	17	2	1	10		

節点1	節点2	熱コンダクタンス	発熱点番号	発熱量	固定点番号	固定温度
1	2	0.12	2	5	7	25
2	3	0.12	6	3		
3	4	0.12				

節点番号	温度
1	74.84
2	86.15
3	70.42
4	64.77
5	67.67
6	79.91
7	25

(a) 部品に発熱量を入力して温度を求める

節点数	要素数	発熱節点数	温度固定節点数	計算反復回数		
7	17	0	3	10		

節点1	節点2	熱コンダクタンス	発熱点番号	発熱量	固定点番号	固定温度
1	2	0.12			7	25
2	3	0.12			2	86.15
3	4	0.12			6	79.91
4	5	0.12				

節点番号	温度
1	74.84
2	86.15
3	70.42
4	64.77
5	67.67
6	79.91
7	25.00

(b) 求めた部品の温度を固定とし発熱量は設定しないで計算する

節点2の発熱量			節点6の発熱量	
①2⇒1への熱流量	1.36		①6⇒5への熱流量	1.47
②2⇒3への熱流量	1.89		②6⇒7対流	0.91
③2⇒7対流	1.04		③6⇒7熱放射	0.62
④2⇒7熱放射	0.72			

2からの熱流合計W	5.00		6からの熱流合計W	3.00

(c) 部品節点につながる熱コンダクタンスの熱流量を求めて合計する

図 15.2 アルミプレートに搭載した部品の発熱量の逆算

(2) 機器の発熱量の見積

自然空冷機器の表面温度(測定結果)から内部発熱量を求めた実験例について紹介します。

図 15.3 (a)、(b) は実験基板を実装した模擬筐体です。この基板に 8 W の消費電力を与え、筐体各面の温度を熱電対で測定します。

第15章 部品の発熱量推定

□40 mm の通風口（上下）

(a) 外形寸法
筐体材質：PP、$t=1\,\mathrm{mm}$

(b) 実験のようす
（熱流センサも付けている）

(c) 温度測定結果

測定点	測定温度〔℃〕
上面	37.5
前面	35.1
左面	32.7
後面	35.8
右面	31.2
底面	30.4
排気	38.7
室温	27.6

図 15.3　模擬筐体の発熱量を推定する実験

図 15.3（c）に示す測定結果が得られました。この結果を 11.5 節で説明した通風筐体熱回路モデルのシートに温度固定として入力します（図 15.4）。

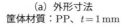

A列	B列	C列	D列	E列	F列	G列	H列	I列
節点数	要素数	発熱節点数	温度固定節点数	計算反復回数				
	8	26	0	8	10			
節点1	節点2	熱コンダクタンス	発熱点番号	発熱量	固定点番号	固定温度	熱移動方向性有	各面放熱量
1	8	0.101535919			8	27.6		1.01 W
2	8	0.19556539			1	37.5	熱	1.47 W
3	8	0.104627197			2	35.1	電	0.53 W
4	8	0.197750545			3	32.7	対	1.62 W
5	8	0.100805039			4	35.8	測	0.36 W
6	8	0.07028033			5	31.2	値	0.20 W
1	2	0.000285106			6	30.4		3.19 W
1	3	0.000127551			7	38.7		
1	4	0.000285106					発熱量推定値	8.38 W

測定点	測定温度〔℃〕	各面放熱量〔W〕
上面	37.5	1.01
前面	35.1	1.47
左面	32.7	0.53
後面	35.8	1.62
右面	31.2	0.36
底面	30.4	0.20
排気	38.7	3.19
室温	27.6	
放熱量合計		8.38

図 15.4　熱回路網法シートへの入力と計算結果（温度から逆算した発熱量は真値 8 W に対して 8.4 W（+5%）程度の誤差となった）

求められた温度と熱コンダクタンスから各面の放熱量と通風口からの放熱量を計算します（I列）。すべての放熱量を合計した結果が内部発熱量の推定値となります。

推定値は 8.38 W で真値の 8 W よりやや大きめになっています。実際には筐体各面内には温度差がありますが、この実験では面の中央付近の 1 ヶ所を測定しているため、誤差が生じたと考えられます。測定データを増やすことで精度を向上できます。

(3) 基板に実装された部品の発熱量の見積

プリント基板に実装した部品は相互に影響しあいながら温度が決まるので、機器の総消費電力を推定するよりも詳細な情報を必要とします。

これは発熱量から部品の温度を予測する通常の計算と同じで、発熱量の予測精度を高めるには、基板の配線パターンや部品と基板の間の熱抵抗などできるだけ正確に情報を入力します。

図 15.5 に示す実験基板（両面板）を使用して測定温度から発熱量を逆算した例を紹介します。

発熱量を推定する部品は、図 15.6 に示すモジュール抵抗です。

以下の点に留意してあらかじめ等価熱伝導率などを計算します。

① 基板を構成する各セルの熱伝導率は銅の熱伝導率にセルの残銅率を掛けた値として算出しておきます。

　例えば、銅の熱伝導率を 385 W/(m K) とし、残銅率 20％ならば、385 × 0.2 = 77 W/(m K) とします。

② 基材（ガラエポ）の熱伝導率にも異方性があるので分けて入力します。ここでは面方向 0.8 W/(m K)、厚み方向 0.4 W/(m K) としています。

③ 挿入部品はリードが基板を貫通するため、リードをサーマルビアとみなして部品が搭載されるセルの厚み方向の熱伝導率を計算します。（式 14.4）を適用し、下記のように求めることができます。

　部品のリードを考慮した等価熱伝導率 λ_{eq}

　＝基材の熱伝導率（厚み方向）＋リードの熱伝導率 × $\dfrac{\text{リードの総断面積}}{\text{部品底面積}}$

　＝ 0.4 + 200 × 0.35 × 1.27 × 16/(22.4 × 6.35)

　＝ 10.4 W(m K)

第 15 章 部品の発熱量推定

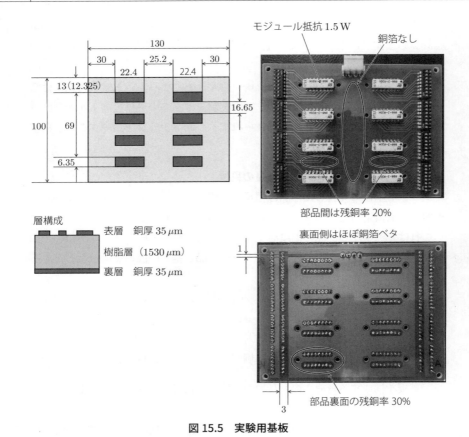

図 15.5 実験用基板

④部品-基板間の熱抵抗 θ_{cb} はリードフレームの熱伝導率から求めます。

$$\theta_{cb} = \frac{部品と基板間のリードフレーム長さ}{リードフレームの断面積 \times 本数 \times リードの熱伝導率}$$

$$= \frac{0.00267}{1.27 \times 0.35 \times 16 \times 200}$$

$$= 1.88 \,\mathrm{K/W}$$

また、計算シートの熱回路モデルが「縦 10 ×横 10 ×厚み 3」の分割数なので、それに合わせてセルの寸法を決めます（図 15.7）。分割する際には以下の 3 点に留意します。

15.1 熱設計に重要な部品の発熱量

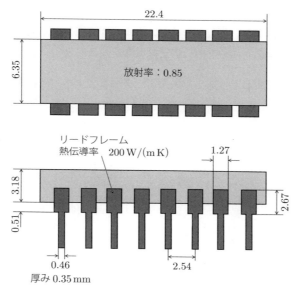

図 15.6 実験用基板に搭載したモジュール抵抗

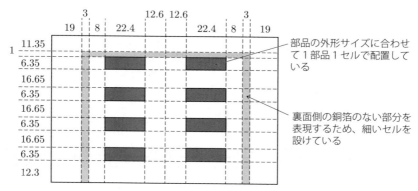

図 15.7 計算用のセルの分割（図では mm で表現していますが入力は m で行います）

① 1層目は銅箔の層、2層目はガラエポの層、3層目は裏面の銅箔の層とします。
② できるだけ1部品、1セルとしてレイアウトします。もし部品が大きい場合には、部品を分けて複数のセルに配置し、それぞれの消費電力をセル面積で配分します。分けた場合にも部品の総表面積は変わらないようにします。

③配線パターンの残銅率が大きく異なる場合には、その部分を分けます。この例では銅箔がない部分を分けています。片面板や両面板など層数の少ない基板では銅箔有無が熱的に大きな影響を及ぼします。

こうした値を使用して作成した入力データ例を図 15.8、図 15.9 に示します。

①残銅率 20%として計算　③貫通するリード断面から計算

1層目板厚 0.000035　1層めの面方向 熱伝導率

		1	2	3	4	5	6	7	8	9	10
1層		0.019	0.003	0.008	0.0224	0.0126	0.0126	0.0224	0.008	0.003	0.019
1	0.01135	0.8	0.8	77	0.8	0.8	0.8	0.8	77	77	0.8
2	0.001	0.8	0.8	77	0.8	0.8	0.8	0.8	77	77	0.8
3	0.00635	0.8	0.8	77	0.8	0.8	0.8	0.8	77	77	0.8
4	0.01665	0.8	0.8	77	77	0.8	0.8	77	77	77	0.8
5	0.00635	0.8	0.8	77	0.8	0.8	0.8	0.8	77	77	0.8
6	0.01665	0.8	0.8	77	77	0.8	0.8	77	77	77	0.8
7	0.00635	0.8	0.8	77	0.8	0.8	0.8	0.8	77	77	0.8
8	0.01665	0.8	0.8	77	77	0.8	0.8	77	77	77	0.8
9	0.00635	0.8	0.8	77	0.8	0.8	0.8	0.8	77	77	0.8
10	0.0123	0.8	0.8	77	77	0.8	0.8	77	77	77	0.8

1層めの厚み方向 熱伝導率

0.8	77	77	0.8	0.8	0.8	0.8	77	77	0.8
0.8	77	77	0.8	0.8	0.8	0.8	77	77	0.8
0.8	77	77	10.4	0.8	0.8	10.4	77	77	0.8
0.8	77	77	77	0.8	0.8	77	77	77	0.8
0.8	77	77	10.4	0.8	0.8	10.4	77	77	0.8
0.8	77	77	77	0.8	0.8	77	77	77	0.8
0.8	77	77	10.4	0.8	0.8	10.4	77	77	0.8
0.8	77	77	77	0.8	0.8	77	77	77	0.8
0.8	77	77	10.4	0.8	0.8	10.4	77	77	0.8
0.8	77	77	0.8	0.8	0.8	77	77	77	0.8

②ガラエポの異方性を考慮して分ける

2層目板厚 0.00153　2層めの面方向 熱伝導率

		1	2	3	4	5	6	7	8	9	10
2層		0.019	0.003	0.008	0.0224	0.0126	0.0126	0.0224	0.008	0.003	0.019
1	0.01135	0.8	0.8	0.8	0.8	0.8	0.8	0.8	0.8	0.8	0.8
2	0.001	0.8	0.8	0.8	0.8	0.8	0.8	0.8	0.8	0.8	0.8
3	0.00635	0.8	0.8	0.8	0.8	0.8	0.8	0.8	0.8	0.8	0.8
4	0.01665	0.8	0.8	0.8	0.8	0.8	0.8	0.8	0.8	0.8	0.8
5	0.00635	0.8	0.8	0.8	0.8	0.8	0.8	0.8	0.8	0.8	0.8
6	0.01665	0.8	0.8	0.8	0.8	0.8	0.8	0.8	0.8	0.8	0.8
7	0.00635	0.8	0.8	0.8	0.8	0.8	0.8	0.8	0.8	0.8	0.8
8	0.01665	0.8	0.8	0.8	0.8	0.8	0.8	0.8	0.8	0.8	0.8
9	0.00635	0.8	0.8	0.8	0.8	0.8	0.8	0.8	0.8	0.8	0.8
10	0.0123	0.8	0.8	0.8	0.8	0.8	0.8	0.8	0.8	0.8	0.8

2層めの厚み方向 熱伝導率

0.4	0.4	0.4	0.4	0.4	0.4	0.4	0.4	0.4	0.4
0.4	0.4	0.4	0.4	0.4	0.4	0.4	0.4	0.4	0.4
0.4	0.4	0.4	10.4	0.4	0.4	10.4	0.4	0.4	0.4
0.4	0.4	0.4	0.4	0.4	0.4	0.4	0.4	0.4	0.4
0.4	0.4	0.4	10.4	0.4	0.4	10.4	0.4	0.4	0.4
0.4	0.4	0.4	0.4	0.4	0.4	0.4	0.4	0.4	0.4
0.4	0.4	0.4	10.4	0.4	0.4	10.4	0.4	0.4	0.4
0.4	0.4	0.4	0.4	0.4	0.4	0.4	0.4	0.4	0.4
0.4	0.4	0.4	10.4	0.4	0.4	10.4	0.4	0.4	0.4
0.4	0.4	0.4	0.4	0.4	0.4	0.4	0.4	0.4	0.4

①残銅率 30%として計算

3層目板厚 0.000035　3層めの面方向 熱伝導率

		1	2	3	4	5	6	7	8	9	10
3層		0.019	0.003	0.008	0.0224	0.0126	0.0126	0.0224	0.008	0.003	0.019
1	0.01135	385	385	385	385	385	385	385	385	385	385
2	0.001	385	0.8	0.8	0.8	0.8	0.8	0.8	0.8	0.8	385
3	0.00635	385	0.8	385	115.5	385	385	115.5	385	0.8	385
4	0.01665	385	0.8	385	385	385	385	385	385	0.8	385
5	0.00635	385	0.8	385	115.5	385	385	115.5	385	0.8	385
6	0.01665	385	0.8	385	385	385	385	385	385	0.8	385
7	0.00635	385	0.8	385	115.5	385	385	115.5	385	0.8	385
8	0.01665	385	0.8	385	385	385	385	385	385	0.8	385
9	0.00635	385	0.8	385	115.5	385	385	115.5	385	0.8	385
10	0.0123	385	0.8	385	385	385	385	385	385	0.8	385

3層めの厚み方向 熱伝導率

385	385	385	385	385	385	385	385	385	385
385	0.8	0.8	0.8	0.8	0.8	0.8	0.8	0.8	385
385	0.8	385	115.5	385	385	115.5	385	0.8	385
385	0.8	385	385	385	385	385	385	0.8	385
385	0.8	385	115.5	385	385	115.5	385	0.8	385
385	0.8	385	385	385	385	385	385	0.8	385
385	0.8	385	115.5	385	385	115.5	385	0.8	385
385	0.8	385	385	385	385	385	385	0.8	385
385	0.8	385	115.5	385	385	115.5	385	0.8	385
385	0.8	385	385	385	385	385	385	0.8	385

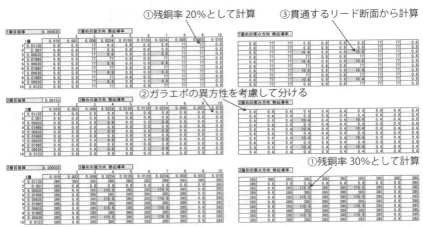

図 15.8　発熱量推定シートへの入力（1）

底面積を除く部品の表面積　熱伝達率計算の代表長は部品上面の短辺とする

実装部品	部品1	部品2	部品3	部品4
部品表面積 (m^2)	0.00032509	0.00032509	0.00032509	0.00032509
代表長さ (m)	0.00635	0.00635	0.00635	0.00635
実装位置（セル番号）	34	36	38	40
空気番号（1か102）	1	1	1	1
ケースの放射率	0.85	0.85	0.85	0.85
熱伝達率係数K	0.54	0.54	0.54	0.54
熱抵抗 θ jc	0	0	0	0
熱抵抗 θ cb	1.877	1.877	1.877	1.877
測定温度 (部品表面) ℃	**97.70**	**95.00**	**93.50**	**90.20**
発熱量推定値 W	**1.52**	**1.58**	**1.55**	**1.52**

リードフレームの熱伝導率から求めた熱抵抗

	部品5	部品6	部品7	部品8
	0.00032509	0.00032509	0.00032509	0.00032509
	0.00635	0.00635	0.00635	0.00635
	64	66	68	70
	1	1	1	1
	0.85	0.85	0.85	0.85
	0.54	0.54	0.54	0.54
	0	0	0	0
	1.877	1.877	1.877	1.877
サーモグラフィで測定した部品温度	**96.60**	**94.10**	**93.50**	**88.90**
発熱量（計算の結果表示される）	**1.49**	**1.56**	**1.57**	**1.49**

図 15.9　発熱量推定シートへの入力（2）
計算結果が「発熱量推定値（W）」に表示される

15.1 熱設計に重要な部品の発熱量

　図 15.10 はこの実験基板の 8 個の部品に 1.5 W の電力を印加し、サーモグラフィで温度を測定したものです。この値を図 15.9 の「測定温度（ケース温度）℃」の欄に入力し、計算を行います。計算が終了すると「発熱量推定値 W」の欄に発熱量の推定値が表示されます。

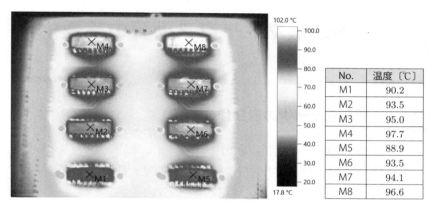

図 15.10　サーモグラフィによる温度測定結果

　推定値は 1.49 ～ 1.58 W と入力電力に比べ、やや大きめの値にはなっていますが、比較的良い精度で推定されています。ちなみに裏面側の銅箔のない部分をなくす（すべて銅で埋める）と、消費電力は 1.56 ～ 1.88 W と推定されます。基板の冷却能力を高めに設定してしまうと発熱量の予測値は大きめになります。

　実際の基板では主要部品以外にもたくさんのチップ部品などが実装されています。これらの影響を考慮する場合には部品の発熱量を基板の発熱量として入力します。総発熱量を実装面積で割って単位面積あたりの発熱量を求め、それにセル面積を掛けた値をセル（節点）の発熱量として与えます。

第16章
熱回路網法マトリクス演算の高速化

16.1　熱回路データの自動作成

　これまで熱回路網データを手作業で作成してきましたが、大規模なデータをミスなく作成するのは大変な作業になります。そこで手間のかかる構造部の熱伝導や表面の熱伝達データを自動作成するプログラムを考えます。

　図 16.1 は縦・横 150×200 mm の放熱プレートを 10 × 10 のセルに自動分割する例です。まず図 16.1 のような 2 つの表を作成しておきます。

(a) は平板各セルの熱伝導率〔$W/(m\,K)$〕を表します。
(b) は平板各セル表面の熱伝達率〔$W/(m^2 K)$〕を表します。

　この例では熱伝達率を固定にしていますが、計算結果の温度（Excel セル）を参照して熱伝達率求める熱コンダクタンス計算式を文字列で生成すれば、温度依存性にすることも可能です。

　分割数を変える場合は表を変更し、分割数の欄に分割数を入力します。熱伝導と熱伝達の表の間は 1 行空けてください。

16.1 熱回路データの自動作成

	縦	横	
分割数	10	10	分割数を指定します
厚みm	0.001		平板厚みを指定します

表の間は1行あけてください　　　　　熱伝導率 W/mK

高さ\幅 m	0.02	0.02	0.02	0.02	0.02	0.02	0.02	0.02	0.02	0.02
0.01	100	100	100	100	100	100	100	100	100	100
0.01	100	100	100	100	100	100	100	100	100	100
0.01	100	100	100	100	100	100	100	100	100	100
0.01	100	\multicolumn{6}{c}{この表の数値はセルの熱伝導率を表します}	100	100	100
0.01	100						100	100	100
0.01	100	100	100	100	100	100	100	100	100	100
0.01	100	100	100	100	100	100	100	100	100	100
0.01	100	100	100	100	100	100	100	100	100	100
0.01	100	100	100	100	100	100	100	100	100	100
0.01	100	100	100	100	100	100	100	100	100	100

表の間は1行あけてください　　　　　熱伝達率 W/m2K

8	8	8	8	8	8	8	8	8	8
8	8	8	8	8	8	8	8	8	8
8	8	8	8	8	8	8	8	8	8
8	8	8	8	8	8	8	8	8	8
8							8	8	8
8		この表の数値はセル表面の熱伝達率を表します					8	8	8
8	8	8	8	8	8	8	8	8	8
8	8	8	8	8	8	8	8	8	8
8	8	8	8	8	8	8	8	8	8
8	8	8	8	8	8	8	8	8	8

図 16.1　自動分割のための熱伝達テーブル（10 × 10 の分割例）

以下に自動分割プログラム例を示します。（誌面の都合でコメントは一部削除しています）

```
Sub Bunkatsu()

'型宣言
    Dim Ntate, Nyoko, Nair As Integer
    Dim CelnoStart, DataStar, Nodeno1, Nodeno2, dataNo As Integer
    Dim dendou As Double                    '---熱伝導率
    Dim atsumi As Double                    '---板厚
    Dim celtaka1, celhaba1, celdend1 As Double  '---分割セル寸法
    Dim celtaka2, celhaba2, celdend2 As Double  '---分割セル寸法
    Dim Celcond, Celconv As Double          '---熱コンダクタンス
    Dim tab_bun, tab_dat As String          'ファイル名


'読み込み/書き込みシート名の設定
    tab_bun = "ソーステーブル"
    tab_dat = "熱回路網法データ生成"

'分割数の読み込み
```

第16章 熱回路網マトリクス演算の高速化

```vb
    Ntate = Worksheets(tab_bun).Cells(2, 2)
    Nyoko = Worksheets(tab_bun).Cells(2, 3)

'厚みデータの読み込み
    atsumi = Worksheets(tab_bun).Cells(3, 2)

'空気の節点番号指定
    Nair = Ntate * Nyoko + 1    '----最終番号

'縦方向の熱伝導 熱コンダクタンスの計算と書き込み
    CelnoStart = 1          '---節点開始番号
    DataStart = 7           '---書き込み開始行

    Nodeno1 = CelnoStart    '---節点1番号初期値
    Nodeno2 = Nodeno1 + 1   '---節点2番号初期値
    dataNo = DataStart      '---データ書き込み開始行設定

 For i = 1 To Nyoko    '-- セルの熱伝導率と縦/横寸法の読み取り
   For J = 1 To Ntate - 1
     celtaka1 = Worksheets(tab_bun).Cells(J + 5, 1)
     celhaba1 = Worksheets(tab_bun).Cells(5, i + 1)
     celdend1 = Worksheets(tab_bun).Cells(J + 5, i + 1)

     celtaka2 = Worksheets(tab_bun).Cells(J + 6, 1)
     celhaba2 = Worksheets(tab_bun).Cells(5, i + 1)
     celdend2 = Worksheets(tab_bun).Cells(J + 6, i + 1)


    Celcond = 1 / ((celtaka1 / 2) / (celdend1 * celhaba1 * atsumi) _
              + (celtaka2 / 2) / (celdend2 * celhaba2 * atsumi))

     Worksheets(tab_dat).Cells(dataNo, 1) = Nodeno1
     Worksheets(tab_dat).Cells(dataNo, 2) = Nodeno2
     Worksheets(tab_dat).Cells(dataNo, 3) = Celcond

     Nodeno1 = Nodeno1 + 1
     Nodeno2 = Nodeno1 + 1
     dataNo = dataNo + 1

   Next J
        Nodeno1 = Nodeno1 + 1
        Nodeno2 = Nodeno1 + 1
 Next i

'横方向の熱伝導 熱コンダクタンスの計算と書き込み
   Nodeno1 = CelnoStart         '---節点1番号初期値
   Nodeno2 = Nodeno1 + Ntate    '---節点2番号初期値
```

16.1 熱回路データの自動作成

```
    For i = 1 To Nyoko - 1
      For J = 1 To Ntate
        celhaba1 = Worksheets(tab_bun).Cells(J + 5, 1)
        celtaka1 = Worksheets(tab_bun).Cells(5, i + 1)
        celdend1 = Worksheets(tab_bun).Cells(J + 5, i + 1)

        celhaba2 = Worksheets(tab_bun).Cells(J + 5, 1)
        celtaka2 = Worksheets(tab_bun).Cells(5, i + 2)
        celdend2 = Worksheets(tab_bun).Cells(J + 5, i + 2)

      Celcond = 1 / ((celtaka1 / 2) / (celdend1 * celhaba1 * atsumi) _
                + (celtaka2 / 2) / (celdend2 * celhaba2 * atsumi))

        Worksheets(tab_dat).Cells(dataNo, 1) = Nodeno1
        Worksheets(tab_dat).Cells(dataNo, 2) = Nodeno2
        Worksheets(tab_dat).Cells(dataNo, 3) = Celcond

        Nodeno1 = Nodeno1 + 1
        Nodeno2 = Nodeno1 + Ntate
        dataNo = dataNo + 1

      Next J
    Next i

'熱伝達 熱コンダクタンスの計算と書き込み
    Nodeno1 = CelnoStart

    For i = 1 To Nyoko
      For J = 1 To Ntate
        celhaba1 = Worksheets(tab_bun).Cells(J + 5, 1)
        celtaka1 = Worksheets(tab_bun).Cells(5, i + 1)
        heatcoef = Worksheets(tab_bun).Cells(J + Ntate + 6, i + 1)
        Celconv = celhaba1 * celtaka1 * heatcoef    '--表面積×熱伝達率

        Worksheets(tab_dat).Cells(dataNo, 1) = Nodeno1
        Worksheets(tab_dat).Cells(dataNo, 2) = Nair
        Worksheets(tab_dat).Cells(dataNo, 3) = Celconv

        Nodeno1 = Nodeno1 + 1
        dataNo = dataNo + 1

      Next J
    Next i

End Sub
```

このプログラムを実行すると、「熱回路網法データ生成」シートに熱回路網データが書き込まれます。

境界条件（発熱量や温度固定情報）は設定されないので、生成後にこれらを設定し、熱回路網データを完成させます。

こうした自動生成プログラムを使用して形状生成を行うと容易に大規模なモデルができますが、今度は計算に時間がかかり、その対策が必要になります。

16.2　バンドマトリクス法による演算の高速処理

図16.1のサンプルでは節点が100個なので、計算時間も短いですが、分割数や層数を増やすと節点が数千になることもあります。計算時間は節点数の2乗に比例するので、節点数が増えると急激に計算時間が長くなります。

ここでは次の改良として演算処理の高速化例について説明します。

これまで説明したプログラムでは第8章（式8.1）のマトリクスをそのまま配列に格納して演算を行っています。しかし、このマトリクスを見ると2つの特徴があります。

- いくつかの成分が0になっている
- 対角成分を挟んで対称になっている

節点どうしが熱コンダクタンスでつながった場合には、その部分のマトリクス成分には数値が入ります。例えば図8.1の熱回路網では節点1と節点2がつながっているので、1行2列と2行1列の成分に $-1/R_{12}$ が入っています。節点1から2への熱抵抗と節点2から1への熱抵抗は同じなので、同じ値が設定されます。

しかし、節点1と3はつながっていないので、1行3列と3行1列には0が入ります。節点数が増えるほど、お互いに接続がない節点が増えるので0の割合は増え、無駄な計算が増えます。

接続される節点の番号ができるだけ離れないようにすると、図16.2（a）のように対角近傍にのみに数値が集中する「バンドマトリクス」になります。対角成分から一番離れた非ゼロ成分までの距離をバンド幅 m と呼びます。対称なので、右上半分と左下半分のバンド幅 m は同じになります。

16.2 バンドマトリクス法による演算の高速処理

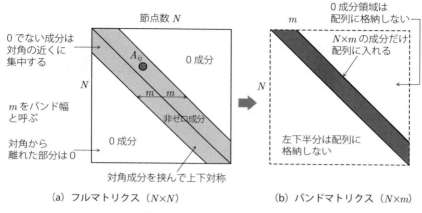

(a) フルマトリクス（$N \times N$）　　(b) バンドマトリクス（$N \times m$）

図 16.2　バンドマトリクス

　バンド幅はつながっている節点どうしの番号の差なので、離れた番号の節点間をつながないように工夫することで小さくできます。例えば図 16.3（b）のように直接つながる節点の番号の差が小さくなるよう番号付けを行います。
　この「0 成分が多く、対称になる」という特徴を利用すれば、図 16.2（b）のように、演算範囲をに縮小することができ演算速度の改善やメモリの節約が見込まれます。

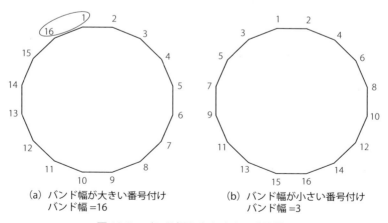

(a) バンド幅が大きい番号付け　　(b) バンド幅が小さい番号付け
　　バンド幅 =16　　　　　　　　　バンド幅 =3

図 16.3　バンド幅を小さくする番号付け

第16章 熱回路網マトリクス演算の高速化

以下にプログラム例を示します。

フルマトリクスの処理との大きな違いは、最初にバンド幅（つながっている節点どおしの番号の差＋1）を調べ、熱伝導マトリクスの配列を節点数 NN × バンド幅 MB で作成します。バンド幅が節点数よりも小さければ、配列サイズはその分小さくなります。

マトリクスの成分は A(N1, N2) ではなく、A(N1, N2-N1+1) に格納されるので、マトリクスの組み立て処理、境界条件処理、マトリクス演算処理の変更が必要になります。

```
Sub FASTSOLVE()

'型宣言
Dim NN As Integer       '節点数
Dim NE As Integer       '要素数
Dim NW As Integer       '発熱数
Dim NT As Integer       '固定温度数
Dim MB As Integer       'バンド幅

Dim N1 As Integer       '節点1
Dim N2 As Integer       '節点2
Dim el As Double        '要素
Dim A() As Double       '熱伝導マトリクス
Dim B() As Double       '荷重ベクトル
Dim X() As Double       '温度ベクトル
Dim AKJ() As Double     'バンド行列用
Dim AIK() As Double     'バンド行列用
Dim RP As Integer       '反復回数
Dim COL1 As Integer     'カラム番号
Dim COL2 As Integer
Dim COL3 As Integer
Dim MAT As Long
Dim VEC As Long
Dim i, J, K, L As Long
Dim atai1, atai2, atai3 As Long

'------------------
'  データ入力
'------------------
    COL1 = 4            'EXCELシートの全体情報データカラム
    COL2 = 6            'EXCELシートの要素データカラム-1
    COL3 = 2            'EXCELシートの解表示カラム飛び行数

    RP = Cells(COL1, 5)    '反復回数読み込み
```

16.2 バンドマトリクス法による演算の高速処理

```
'-------------------------------------
'    データ数のカウント
'-------------------------------------
  atai = 1000    '---- 終了判定 初期値
  ataimax = 0    '---- 節点番号最大値 初期値
  elem = 0       '---- 要素数 初期値
  i = 1

'----------------要素数、節点数、バンド幅のカウント----------------
While Not (atai = 0)
    atai1 = Cells(COL2 + i, 1)
    atai2 = Cells(COL2 + i, 2)
     haba = Abs(Val(atai1) - Val(atai2))
       If Val(ataimax) <= Val(atai1) Then ataimax = atai1
       If Val(ataimax) <= Val(atai2) Then ataimax = atai2
       If Val(habamax) <= haba Then habamax = haba
      atai = Val(atai1) * Val(atai2)
     i = i + 1
 Wend

'----------------カウント結果表示------------
      elem = i - 2
        Cells(4, 1) = ataimax
        Cells(4, 2) = elem
        Cells(1, 7) = "バンド幅"
        Cells(1, 8) = habamax

        MB = habamax + 1
        NN = ataimax
        NE = elem

'----------------発熱数のカウント----------------
  i = 1
  atai = 100

  While Not (atai = 0)
     atai = Val(Cells(COL2 + i, 4))
      i = i + 1
  Wend

   hatu = i - 2
   Cells(COL1, 3) = hatu
   NW = hatu

'----------------温度固定数のカウント----------------
  i = 1
```

```
    atai = 100

    While Not (atai = 0)
       atai = Val(Cells(COL2 + i, 6))
        i = i + 1
    Wend

     kotei = i - 2
     Cells(COL1, 4) = kotei
     NT = kotei

'------------------反復計算開始------------------

For rep = 1 To RP    '指定反復回数だけ繰り返す

' 配列宣言
   ReDim A(NN, MB + 1)      '熱伝導マトリクスバンド幅
   ReDim B(NN)              '荷重ベクトル
   ReDim X(NN)              '温度ベクトル
   ReDim AKJ(MB)            'バンド演算用
   ReDim AIK(MB)            'バンド演算用


'----------------------------------------
'     マトリクスの組み立て
'----------------------------------------

' 熱伝導マトリクスの組み立て
 For i = 1 To NE
     N1 = Cells(i + COL2, 1)
     N2 = Cells(i + COL2, 2)
     el = Cells(i + COL2, 3)

     If N1 > N2 Then buff = N1: N1 = N2: N2 = buff    '--- 節点番号入替

      NLOC = N2 - N1 + 1

     A(N1, NLOC) = A(N1, NLOC) - el
     A(N2, 1) = A(N2, 1) + el
     A(N1, 1) = A(N1, 1) + el

 Next i

' 発熱量処理
    For i = 1 To NW
       num = Cells(i + COL2, 4)
       B(num) = B(num) + Cells(i + COL2, 5)
    Next i
```

16.2 バンドマトリクス法による演算の高速処理

```
'  温度固定処理
  For i = 1 To NT
       num = Cells(i + COL2, 6)
       A(num, 1) = 1
       B(num) = Cells(i + COL2, 7)

       For J = 2 To MB
           NLOC = num + J - 1
           If NLOC > MB Then GoTo sskip1
           B(NLOC) = B(NLOC) - A(num, J) * B(num)
           A(num, J) = 0
sskip1:
       Next J

       For J = 2 To MB
           NLOC = num - J + 1
           If NLOC < 1 Then GoTo sskip2
           B(NLOC) = B(NLOC) - A(NLOC, J) * B(num)
           A(NLOC, J) = 0
sskip2:
         Next J
  Next i


'----------------------------------------
'     連立方程式を解く
'----------------------------------------
'   <前進消去>

For L = 1 To NN - 1

       MADE = MB
       If L + MB - 1 > NN Then MADE = NN - L + 1

   For J = 2 To MADE
       AKJ(J) = A(L, J) / A(L, 1)
       AIK(J) = A(L, J)
   Next J

   For i = 2 To MADE
       IT = i + L - 1
       IM1 = i - 1
        If AIK(i) = 0 Then GoTo sskip
       For jj = i To MADE
            JT = jj - IM1
             A(IT, JT) = A(IT, JT) - AIK(i) * AKJ(jj)
       Next jj
```

```
sskip:
    Next i

 Next L
'
 For L = 1 To NN - 1
       B(L) = B(L) / A(L, 1)
         MADE = MB
          If L + MB - 1 > NN Then MADE = NN - L + 1

      For i = 2 To MADE
          IT = i + L - 1
          B(IT) = B(IT) - A(L, i) * B(L)
      Next i
 Next L

   X(NN) = B(NN) / A(NN, 1)


'  <後退代入>
 For L = NN - 1 To 1 Step -1

  s = 0
  MADE = MB
   If L + MB - 1 > NN Then MADE = NN - L + 1

   For J = 2 To MADE
     JT = J + L - 1
     s = s + A(L, J) * X(JT)
   Next J

   X(L) = B(L) - s / A(L, 1)
 Next L

'------------------
' 結果出力
'------------------
'タイトル
   Cells(NE + COL2 + COL3, 1) = "節点番号"
   Cells(NE + COL2 + COL3, 2) = "温度"

'計算結果
  For i = 1 To NN
   Cells(NE + COL2 + COL3 + i, 1) = i
   Cells(NE + COL2 + COL3 + i, 2) = X(i)
  Next i
```

```
Next rep

'------------------反復計算終了------------------

End Sub
```

実際に計算時間を比較した例を図16.4に示します。

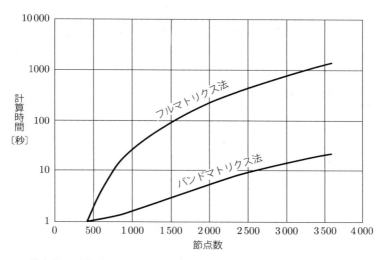

図16.4　節点数と計算時間
（テスト環境プロセッサ Core i7-11700　2.5 GHz、RAM 16 GB、Excel バージョン 2019）

　計算は縦・横等分割の1層平板で非線形性のない熱伝導モデルです。反復計算はしていません。節点数が増えるほど計算方法による差が大きくなることがわかります。

　一般的なガウスの消去法による計算では、節点数 N の2乗で計算時間が増えていますが、バンドマトリクス法ではバンド幅が増えなければ、計算時間は節点数 N に比例することになります。

　ただし、ここで紹介したバンドマトリクス法ではマトリクスの対称性を利用しているため、非対称マトリクスを正しく解くことはできません。具体的には11.5節で説明したような物質移動に伴う熱輸送（空気の流れによって一方向に熱が移動する場合）は適用範囲外になります。非対称バンドマトリクスを扱うように改良すれば適用できます。

第17章
ExcelとPythonの連携による計算の高速化

17.1 Pythonの利用環境設定

　第16章では対称バンドマトリクスの特徴を生かした数値計算の高速化手法について説明してきましたが、もう1つの手段として高速演算が可能なソフトウェアライブラリを使用する方法があります。

　ここでは最近注目を集めているPython（パイソン）の数値計算ライブラリを使って疎行列（スパース行列：0成分が多いマトリクス）の演算を高速で実行する方法について解説します。

　Pythonは下記の特徴があり、熱回路網法の計算に適しています。

- シンプルで読みやすい構文で初心者にもわかりやすい
- 数値計算ライブラリやグラフ作成、科学計算、Web開発、データ解析、機械学習など豊富なライブラリを利用できる
- Windows、macOS、Linuxなど、さまざまなプラットフォームで動作する
- オープンソースであり、無料で利用することができ、コミュニティも活発

　ここではインストール不要で初心者でも比較的簡単にPythonを実行できる「Google Colaboratory（以下Colab）」を使って高速化した例を紹介します。このサービスを利用するにはGoogleアカウントを持っている必要があります。

　Excelと連携して熱回路網計算を行うPythonプログラム例「Python連携サンプル.zip」をダウンロード・解凍してください。

　Googleアカウントを取得したら、Googleドライブにアクセスし、解凍した「ThermalCalculationSample」をフォルダごとGoogleドライブにアップロー

ドしてください。以下、Google ドライブ直下にフォルダがアップロードされたと仮定して説明します。

フォルダには下記のファイルがあります。

- PythonThermal.ipynb：Python のサンプルプログラムが記述された IPython Notebook 形式のファイルです。このファイルは Jupyter Notebook などの統合開発環境や Colab を用いて開くことができます。
  Jupyter Notebook（日本語）は、下記の URL からも使用できます。
  　　https://colab.research.google.com/?hl=ja
- SampleData.xlsx　：熱回路データを記述した入力用 Excel ファイルです。書式はこれまで使用してきた Excel 熱回路網法計算用データフォーマットです。

17.2　Python による熱回路網法プログラムの流れ

　PythonThermal.ipynb には、線形定常熱回路網の計算プログラムとその解説が記述してあります。機能ごとにブロック分けして記述してあるので、逐次実行することで動作を確認しながら進めることができます。

　処理の内容は 8.1 節の VBA プログラムと同じですが、疎行列を高速で解くためにいくつかの処理が追加されています。処理の流れを図 17.1 に示します。

　例えば、③データチェックと変換では、Python の疎行列計算ライブラリを使用する際に必要な前処理を行います。熱回路データは節点 1 から開始しますが、Python では 0 からスタートするため、変換テーブルを作成します。飛び番号などもエラーの原因になるため、番号を詰めます。

　熱伝導マトリクスの組み立てでは、最初に処理が簡単な LIL 形式（List of Lists）で作成します。実際の計算に際しては、この形式では処理が遅いため、CSR 形式（Compressed Sparse Row：圧縮格納方式）に変換して実行します。

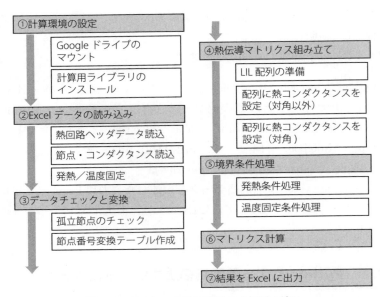

図 17.1　Python のプログラムの処理の流れ

17.3　Python プログラムの実行（1）計算環境の設定

　それでは、説明文に従って上から順番にプログラムを実行してみましょう。

　PythonThermal.ipynb をダブルクリックすると、図 17.2 に示す画面が表示されます。ここには説明が記述されたテキストのセルと、それに続くプログラムの記述（コードセル）が順番に明記されています。

　コードセルをクリックして Ctrl + Enter キーを押すか、●マークをクリックするとプログラムが動作します。順番に動作させてみましょう。

（1）Google ドライブのマウント

　サンプルプログラムは Google ドライブ上のファイルにアクセスすることで計算の入出力を行う仕様となっているため、Colab から Google ドライブのファイルへアクセスが可能となるようにマウントという操作を行います。

　ドライブのマウントを行うには、下記のコードセルを選択し、Ctrl + Enter（または●クリック）で実行します。実行後、Google ドライブへのファイルアクセス許諾確認パネルが表示されるので、アクセス権限を付与してください。

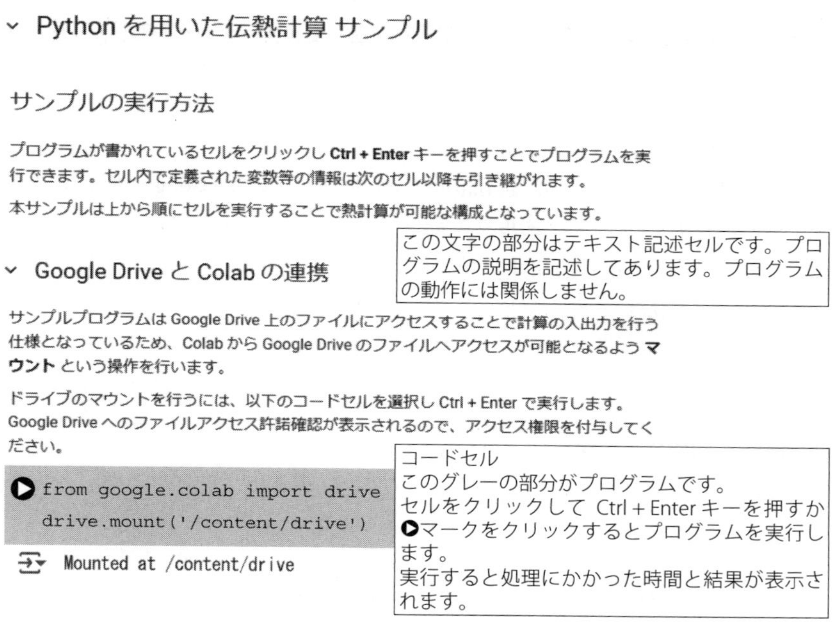

Python を用いた伝熱計算 サンプル

サンプルの実行方法

プログラムが書かれているセルをクリックし **Ctrl + Enter** キーを押すことでプログラムを実行できます。セル内で定義された変数等の情報は次のセル以降も引き継がれます。

本サンプルは上から順にセルを実行することで熱計算が可能な構成となっています。

Google Drive と Colab の連携

この文字の部分はテキスト記述セルです。プログラムの説明を記述してあります。プログラムの動作には関係しません。

サンプルプログラムは Google Drive 上のファイルにアクセスすることで計算の入出力を行う仕様となっているため、Colab から Google Drive のファイルへアクセスが可能となるよう **マウント** という操作を行います。

ドライブのマウントを行うには、以下のコードセルを選択し Ctrl + Enter で実行します。Google Drive へのファイルアクセス許諾確認が表示されるので、アクセス権限を付与してください。

```
from google.colab import drive
drive.mount('/content/drive')
```

Mounted at /content/drive

コードセル
このグレーの部分がプログラムです。
セルをクリックして Ctrl + Enter キーを押すか▶マークをクリックするとプログラムを実行します。
実行すると処理にかかった時間と結果が表示されます。

図 17.2　PythonThermal.ipynb の編集画面

（2）計算用ライブラリのインストール

Python は豊富な計算ライブラリを持っていますが、これらを使用可能にするにはインストールする必要があります。ここでは、以下の4つのライブラリを使用します。

- NumPy：高速な数理演算のためのパッケージ
- SciPy：疎行列の計算に利用
- openpyxl：Excel ファイルの読み込み / 書き込みに利用
- pandas：表データの読み込み / 操作に利用

実行するにはシェルコマンド「!」を使います

```
!pip install numpy==1.26.4 scipy openpyxl pandas
```

シェルコマンドを使うとファイル操作や環境設定などのシステムレベルの操作を直接 Notebook 内で実行できるため、Notebook 環境を離れることなく作業を完結できます。

17.4 Pythonプログラムの実行（2）Excelデータの読み込み

次に pandas ライブラリの read_excel() 関数を用いて熱回路を定義した Excel ファイルからデータを読み込みます。

本サンプルでは ThermalCalculationSample フォルダが Google ドライブ直下に置かれたものとし、フォルダ内の Excel シート「SampleData.xlsx」から計算に必要な情報を取得します。

サンプルの Excel ファイルは 1 つのシート中に複数のテーブルを含むため、それぞれを節点間接続、熱コンダクタンス、発熱節点、温度固定節点の 4 つに分割します。

(1) 熱回路情報（ヘッダーデータ）の読み込み

熱回路の情報は元の Excel ファイルの A3：E4 の領域に記述されている表データです（図 17.3（a））。

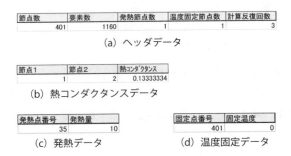

図 17.3　Excel ファイル（SampleData.xlsx）のデータ

read_csv() 関数の引数として header, usecols, nrows を設定することで部分的に表を切り出すことができます。対象となる表にはデータが 1 行しかないため、二次元表の DataFrame 形式ではなく単一列データである Series 形式（se_info）として取得しています。

```
import numpy as np
import pandas as pd

# 読み取り対象となる Excel ファイルのパス (Googleドライブマウント後のパス)
EXCEL_FILE_NAME = 'drive/MyDrive/ThermalCalculationSample/SampleData.xlsx'
```

17.4 Python プログラムの実行（2）Excel データの読み込み

```python
# 読み取る Excel ファイルのシート番号　(0起点)
EXCEL_SHEET_NO = 0

# 熱回路情報の読み込み
se_info = pd.read_excel(
    EXCEL_FILE_NAME,              # Excel ファイルのパス
    sheet_name=EXCEL_SHEET_NO,    # 読み取るシート番号
    header=2,                     # 読み取り開始行　(0行目起点)
    dtype=np.int64,               # データの型　(整数型)
    usecols='A:E',                # 読み取る列
    nrows=1                       # 読み取り行数　(ヘッダ除く)
    ).iloc[0,:]

se_info                           # 読み取った結果を表示
```

(2) 熱コンダクタンスデータの読み込み

次に熱コンダクタンスデータを読み込みます。熱コンダクタンスデータは A：C 列の 6 行目以降に記述されている情報です（図 17.3 (b)）。

6 行目から行の末尾まで取得するため、nrow の値は省略します。元の Excel ファイルが空行を含む場合に備え、DataFrame.dropna() メソッドで空行を削除したうえで、節点番号のカラムを整数型、コンダクタンスのカラムを浮動小数点数型として読み込んでいます。

```python
# 熱コンダクタンスの読み込み (エッジデータと呼びます)
df_edge = pd.read_excel(
    EXCEL_FILE_NAME,              # Excel ファイルのパス
    sheet_name=EXCEL_SHEET_NO,    # 読み取るシート番号
    header=5,                     # 読み取り開始行　(0行目起点)
    usecols='A:C',                # 読み取る列
    )
df_edge = df_edge.dropna(axis=0)  # 空行が含まれていた場合削除
df_edge = df_edge.astype({
        '節点1': np.int64,
        '節点2': np.int64,
        '熱コンダクタンス': np.float64   # コンダクタンスの列を浮動小数点数型として取得
    })

df_edge
```

正常に読み込まれると読み込み結果を表示します。

(3) 発熱データの読み込み

発熱データはD:E列の6行目以降に記述されている情報です（図17.3（c））。

熱コンダクタンスデータと同様に行末までデータを取得するため nrow の値は省略します。空行を削除したうえで、節点番号のカラムを整数型、発熱量のカラムを浮動小数点数型として読み込みます。

```python
# 発熱節点情報の読み込み
df_Q = pd.read_excel(
    EXCEL_FILE_NAME,              # Excel ファイルのパス
    sheet_name=EXCEL_SHEET_NO,    # 読み取るシート番号
    header=5,                     # 読み取り開始行 (0行目起点)
    usecols='D:E',                # 読み取る列
    )
df_Q = df_Q.dropna(axis=0)        # 空行が含まれていた場合削除
df_Q = df_Q.astype({
    '発熱点番号': np.int64,        # 節点番号の列を整数型として取得
    '発熱量': np.float64           # 発熱量の列を浮動小数点数型として取得
    })

df_Q
```

(4) 温度固定データの読み込み

温度固定データに対し、発熱データの読み込みと同様の処理を行います。

```python
# 温度固定節点情報の読み込み
df_fix_T = pd.read_excel(
    EXCEL_FILE_NAME,              # Excel ファイルのパス
    sheet_name=EXCEL_SHEET_NO,    # 読み取るシート番号
    header=5,                     # 読み取り開始行 (0行目起点)
    usecols='F:G',                # 読み取る列
    )
df_fix_T = df_fix_T.dropna(axis=0)  # 空行が含まれていた場合削除
df_fix_T = df_fix_T.astype({
    '固定点番号': np.int64,        # 節点番号の列を整数型として取得
    '固定温度': np.float64         # 固定温度の列を浮動小数点数型として取得
    })

df_fix_T
```

17.5　Python プログラムの実行（3）データチェックと変換

（1）孤立節点のチェック

　本サンプルでは熱回路の中に孤立した節点（他との接続がない節点）が存在しない前提で計算を行うため、計算を行う前に入力データに孤立した節点がないことを簡易的に確認します。

　孤立した節点がないことを確認するには、熱コンダクタンスの定義に含まれるすべての節点の数を重複抜きでカウントし、それが全節点数と一致するか調べます。

```python
# 熱回路の全節点数
total_nodes = se_info.at['節点数']
# エッジに含まれるすべての節点のうち、重複を除いたものの配列
unique_nodes \
  = np.unique(df_edge.loc[:, ['節点1', '節点2']].values.flatten())
# 総数が一致しない場合、例外とする
if unique_nodes.size != total_nodes:
    raise Exception('孤立している節点が存在します。')
```

（注）「\」を入れることで文の途中でもルールに従って改行を行うことができます

（2）節点番号変換テーブル作成

　また、Python の配列は 0 起点のため、Excel ファイルの節点番号も 0 起点に直す必要があります。また、節点番号に抜けがあると、熱伝導マトリクスの行列インデックスと節点番号が対応しなくなるという問題が発生します。

　これを防ぐため、Excel から読み込んだ節点番号と、Python の 0 から始まる行列インデックスを対応させるディクショナリ（変換テーブル）を作成します。これにより節点番号から行列インデックスの変換およびその逆変換を行えるようにしておきます。

```python
# 入力された節点番号に連番を対応させたディクショナリ（節点番号→行列インデックス
# の変換に利用）
node_index_map \
  = {node:index for index, node in enumerate(unique_nodes)}
# 対応を逆転させたディクショナリ（行列インデックス→節点番号の変換に利用）
index_node_map \
  = {index:node for node, index in node_index_map.items()}
```

17.6　Pythonプログラムの実行（4）熱伝導マトリクス組み立て

前準備ができたら、熱伝導マトリクスを組み立てます。

(1) LIL 配列の準備

節点方程式 $Ax=b$ の係数行列（熱伝導マトリクス）A と荷重（発熱）ベクトル b を作成します。

ここではを全節点数×全節点数の LIL（List of Lists）疎行列として定義します。Pythonで疎行列を取り扱うため、SciPy パッケージの lil_array クラスを用い、まず入れ物（ゼロ行列 A）を準備します。

同様にベクトルも NumPy の zeros() 関数を用いてゼロベクトル b として準備します。

```
from scipy.sparse import lil_array
# LIL形式の疎なゼロ行列（形状: total_nodes×total_nodes）
A = lil_array((total_nodes, total_nodes), dtype=np.float64)
# 密なゼロベクトル（長さ: total_nodes）
b = np.zeros(total_nodes, dtype=np.float64)
```

(2) 配列に熱コンダクタンスを設定（対角成分以外）

次に、係数行列 A に各節点間の熱コンダクタンスの値を設定します。

図 17.4 は（式 8.1）を熱コンダクタンスで表現したものです。熱コンダクタンスは双方向で連結しているとみなすと、節点 1→節点 2 の熱コンダクタンスと節点 2→節点 1 の熱コンダクタンスは同じ値になるので、熱伝導マトリクスは対角成分を挟んで対称になります。そこで節点 1-2 間の熱コンダクタンス G_{12} と節点 2-1 間の熱コンダクタンス G_{21} には同じ値を設定します。

同じ節点間に複数のコンダクタンスが設定されている場合はそれらの和をと

$$\begin{bmatrix} G_{12}+G_{14} & -G_{12} & 0 & -G_{14} & 0 \\ -G_{12} & G_{12}+G_{23}+G_{24} & -G_{23} & -G_{24} & 0 \\ 0 & -G_{23} & G_{23}+G_{35} & 0 & -G_{35} \\ -G_{14} & -G_{24} & 0 & G_{14}+G_{24}+G_{45} & -G_{45} \\ 0 & 0 & 0 & 0 & 1 \end{bmatrix} \begin{bmatrix} T_1 \\ T_2 \\ T_3 \\ T_4 \\ T_5 \end{bmatrix} = \begin{bmatrix} Q \\ 0 \\ 0 \\ 0 \\ T_c \end{bmatrix}$$

熱伝導マトリクス A　　　熱伝導ベクトル x　発熱ベクトル b

図 17.4　作成する熱伝導マトリクスと温度・発熱ベクトル（境界条件を処理した後）

って合成します（並列合成）。

```
# 熱回路のエッジ情報についてループする
for _, se_row in df_edge.iterrows():
    # 節点1の節点番号を取得し、行列のインデックスに変換
    index_1 = node_index_map[se_row.at['節点1']]
    # 節点2の節点番号を取得し、行列のインデックスに変換
    index_2 = node_index_map[se_row.at['節点2']]
    C = se_row.at['熱コンダクタンス']       # 熱コンダクタンスを取得
    # 節点1→節点2および節点2→節点1の両方にコンダクタンスの値を減算する
    A[index_1, index_2] -= C
    A[index_2, index_1] -= C
```

(3) 配列に熱コンダクタンスを設定（対角成分）

図17.4のように、熱伝導マトリクスでは、行ごとの対角成分は非対角成分の和をマイナスにした値となります。したがって係数行列の対角成分を求めるには一度対角成分を0に初期化してから係数行列の行ごとの総和をとり、符号を反転させて対角位置に設定します。

```
# 対角成分を選択するためのインデックスを生成
index_diag = np.arange(total_nodes)
# 一度係数行列の対角成分を 0 に初期化
A[index_diag, index_diag] = 0
# lil_array.sum() メソッドで行ごとの総和をとり
# 符号を反転して各行の対角位置に戻す
A[index_diag, index_diag] = -A.sum(axis=1)
```

17.7　Pythonプログラムの実行（5）境界条件処理

(1) 発熱条件処理

発熱を有する節点では、その節点に対応するベクトルの要素として発熱量を指定します。

```
# 発熱節点情報についてループする
for _, se_row in df_Q.iterrows():
    # 発熱節点の節点番号を係数行列のインデックスに変換
    index = node_index_map[se_row.at['発熱点番号']]
    # 節点の発熱量を取得
    Q = se_row.at['発熱量']
```

```
# ベクトル b のうち発熱節点に対応する位置の成分を発熱量に置き換える
b[index] = Q
```

(2) 温度固定条件処理

温度が固定される節点では対応する熱伝導マトリクス A の対角成分を 1、非対角成分を 0、ベクトル b の値として固定温度を設定します。

```
# 温度固定節点情報についてループする
for _, se_row in df_fix_T.iterrows():
    # 温度固定節点の節点番号を係数行列のインデックスに変換
    index = node_index_map[se_row.at['固定点番号']]
    # 節点の固定温度を取得
    fix_T = se_row.at['固定温度']

    # 節点に対応する係数行列 A の行を単位行列の行成分に置換
    A[index,:] = 0
    A[index, index] = 1
    # 節点に対応するベクトル b の成分を固定温度に設定
    b[index] = fix_T
```

これで熱伝導マトリクスと荷重（発熱）ベクトルの構築は完了です。

17.8 Pythonプログラムの実行（6）マトリクス計算

いよいよ方程式 $Ax = b$ を解きます。係数マトリクス A は 0 成分が多い疎行列（sparse matrix）になります。節点数が多くなるほど節点相互の結びつきは稀薄になるので 0 成分が増えます。Python ではこうした疎行列の方程式を高速で計算する SciPy のスパースソルバー `scipy.sparse.linalg.spsolve()` を利用します。

このソルバーは引数として，係数行列 A、ベクトル b を渡すと自動的にベクトル x を算出してくれます。ただし、これまでの処理で組み立てた熱伝導マトリクスは LIL 形式です。このままだと計算が遅いので、LIL 形式を CSR 形式（Compressed Sparse Row：圧縮行格納方式）に変換してから計算を実行します。

下記のプログラムでは `lil_array.tocsr()` メソッドを用いて csr_array 形式に変換を行っています。

```
from scipy.sparse.linalg import spsolve
x = spsolve(A.tocsr(), b)  # ソルバーに係数行列を渡す際にCSR形式に変換
```

これだけです。Python ライブラリを使うと簡単な処理で高速計算ができます。

17.9　Python プログラムの実行（7）結果を Excel に出力

計算結果は変数 x の中に格納されていますが、配列の状態では内容が確認しにくいので、DataFrame の表形式に整形して PythonResult.xlsx という名前の Excel ファイルに書き込みます。

まず、係数行列のインデックスから節点番号を復元し、計算で求められた節点温度と対応させた DataFrame データを作成します。

次に DataFrame.to_excel() メソッドを用いて計算結果を Google ドライブにある Excel ファイルに出力します。

```
# 係数行列のインデックスを対応する節点番号に戻す
nodes = [index_node_map[index] for index in range(total_nodes)]
# 計算結果をまとめた表データを生成
df_result = pd.DataFrame(
    data=x,                    # 表として集計するデータ
    dtype=np.float64,          # データ型（浮動小数点数型）
    index=nodes,               # 表のインデックスラベル（節点番号）
    columns=['節点温度']        # 表のカラムラベル
    )
# 表データを Excel ファイル（PythonResult.xlsx）として保存
df_result.to_excel(
    'drive/MyDrive/ThermalCalculationSample/PythonResult.xlsx'
    )
df_result
```

17.10　計算結果と計算時間の比較

図 17.5 は Excel による計算結果（ガウスの消去法、バンドマトリクス法）と Python による計算結果を比較したものです。小数点以下の数字までよく一致していることがわかります。

計算時間はモデルによって変わりますが、ガウスの消去法は節点数の 2 乗に比例して計算時間は増加します。

バンドマトリクス法はバンド幅によります。マトリクスの対称性を利用しているため、バンド幅が節点数 N と同じでもガウスの消去法よりは速くなります。

図 16.4 に示したように節点数 N が増加してもバンド幅が同じであれば、計算時間はに比例することになります。

一方、Python のスパースソルバーは非ゼロ成分に依存するので節点数が増えても計算時間はそれほど増加しません。Excel の行数に制限がありますが、直接データを例えば節点数 250 000 でもマトリクス演算時間は 1 秒以下になっています。

動作環境によって時間は異なるので、それぞれお使いの環境で試してみてください。

ただし、Excel でデータを与える方法だと、Excel のデータ数（行列数）に制限があること、Python とのデータ転送に時間がかかることから大規模問題を解く際の妨げになります。すべて Python で記述し、温度分布などの結果表示も Python のライブラリを使用すればさらに高速処理が可能になります。

節点番号	Excel通常（消去法）	Excel高速（バンドマトリクス法）	Python
1	25	25	25
2	51.40964641	51.40964641	51.40964645
3	68.52714641	68.52714641	68.52714644
4	80.67836032	80.67836032	80.67836032
5	89.88356875	89.88356875	89.88356873
6	97.17612649	97.17612649	97.17612646
7	103.1318967	103.1318967	103.1318967
8	108.0972846	108.0972846	108.0972846
9	112.2948904	112.2948904	112.2948903
10	115.8761008	115.8761008	115.8761007
11	118.9490707	118.9490707	118.9490706
12	121.5945025	121.5945025	121.5945024
…	…	…	…
888	131.4223629	131.4223629	131.4223627
889	129.3255838	129.3255838	129.3255837
890	127.0262394	127.0262394	127.0262393
891	124.4920006	124.4920006	124.4920005
892	121.6780524	121.6780524	121.6780523
893	118.5210747	118.5210747	118.5210746
894	114.9291935	114.9291935	114.9291935
895	110.7642323	110.7642323	110.7642323
896	105.8083535	105.8083535	105.8083535
897	99.6969697	99.6969697	99.69696984
898	91.77379974	91.77379974	91.77379995
899	80.75414144	80.75414144	80.75414174
900	63.88595466	63.88595466	63.88595507

図 17.5　計算結果の比較（ガウス消去法、バンドマトリクス法、Python）

第 **5** 部

回路シミュレータを使った熱回路網法

第 18 章	回路シミュレータを使ってみよう
第 19 章	第 3 部の例題を解いてみる
第 20 章	半導体チップとパッケージ
第 21 章	温度が上昇する過程を追う
第 22 章	先端デバイスの放熱設計

第18章
回路シミュレータを使ってみよう

18.1　ソフト（体験版）のダウンロードとインストール

　機械屋、物理屋、電気屋といった分野の垣根を超え、あらゆる分野の方々に親しまれているという点で、表計算ソフトExcelほど「熱回路網法」を身近にする手段はないでしょう。数値で入力できるものなら何でもお任せの万能ツールですから、熱設計に関してもさまざまな応用、カスタマイズが可能で大変重宝します。

　一方、表計算ソフトに比べれば、ごく限定的に電気屋さんの一部の人達が使う道具に「回路シミュレータ」と呼ばれるものがあります。もともと回路を扱うように作られているだけに、表計算ソフト以上に熱回路網法との親和性が高くなっています。熱解析の分野においては、知る人ぞ知る程度の存在ですが、回路シミュレータを使って解く熱回路網法にはさまざまなメリットがあるのでぜひ試してください。

　回路シミュレータは電気特有の厄介な計算を肩代わりしてくれる道具ですから、あなたは部品（主に抵抗）を指定してソース（発熱源）を接続する回路図を描きさえすればいいのです。簡単なドローイング操作さえマスターすれば、すぐにあなたが知りたかった温度が回路図上に表示されることに驚かれることでしょう。回路網の全体像が見渡せるので、放熱経路が把握しやすく、第三者に説明しやすいという利点があります。また、分岐から先にどんな比率で熱流量（電流）が配分されるか簡単にモニタできるのも、回路シミュレータを使うメリットです。

　もし、あなたが電気は苦手と考えていらしても、本章を読み飛ばさないようお願いします。「こんな便利な道具があったのか」と苦手イメージを払拭でき

第 18 章 回路シミュレータを使ってみよう

株式会社 インターソフト の HP
http://www.intsoft.co.jp/index.html
より、回路シミュレータ（SIMetrix、SIMPLIS）を選択して開く。

http://www.intsoft.co.jp/products/simetrixsimplis/simetrixsimplis.html
にある「SIMetrix >> 詳細はこちらから 」をクリックし
http://www.intsoft.co.jp/products/simetrix/product04simetrix.html
下段の「エレメント版（イントロ版）はこちら」をクリックする。

http://www.intsoft.co.jp/products/simetrixsimplis/product04_03intro.html
下段の「エレメント版ダウンロード」
SIMetrix/SIMPLIS Elements Installer (~150MB) 　を開く。
メールアドレス等必要事項を記入して Send and Download する。

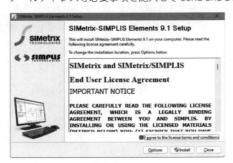

図 18.1　Registration と Installer のダウンロード

るかもしれません。さあ、回路シミュレータをあなたのPCにインストールしてみましょう。

インターソフト社のHPに必要事項を記入すると、回路図入力型の回路シミュレータであるSIMetrixのイントロ版（体験版で無償）を入手することができます。図18.1に示す手順に従ってダウンロード、インストールしてください。

本書ではSIMetrixを使って手順を説明しますが、同様な回路図入力型の回路シミュレータはほかにも存在します。別の回路シミュレータに慣れている方は、そちらを使って例題を同じように解いていただけばよいでしょう。いろいろ使ったけど特にこれといったお気に入りがない方は、SIMetrixをお試しください。収束性が高く、すぐれた回路シミュレータの1つです（開発元：SIMetrix Technologies Ltd. 社）。

ダウンロードしたファイルをダブルクリックして、手順に従って、ライセンスの使用許諾に合意すれば、インストールが完了します。正常にインストールされると、Windowsの「スタート」メニューにSIMetrixのアイコンが追加されています。

18.2　回路シミュレータに熱回路網を描いてみよう

(1) シミュレータの起動

SIMetrixを起動してみましょう。初めて起動する際にファイルの関連付けを行うか問われることがあります（図18.2）。「Yes」にチェックを入れて、「Close」ボタンをクリックしましょう。

次に現れる画面も「OK」をクリックして進むと、小さなウィンドウが現れます。これがメイン画面（Command Shell）で、プルダウンメニューから「File」→「New」→「SIMetrix Schematic」を選ぶと、回路図を描くキャンバスが現れます。同じことが左上の白い四角のアイコンをクリックしてもできます（図18.3）。

第18章 回路シミュレータを使ってみよう

正常にインストールされれば、Windowsのスタートメニューに SIMetrix のアイコンが追加されている。

このウィンドウは起動すると必ず表示される。"OK"

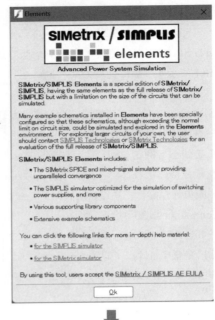

起動 ➡

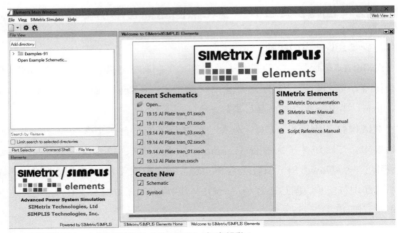

この画面が SIMetrix/SIMPLIS のメイン画面。無事起動！

図 18.2　SIMetrix の起動

18.2 回路シミュレータに熱回路網を描いてみよう | 229

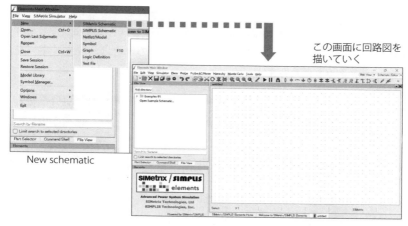

図 18.3　回路図作成ウィンドウを開く

白いキャンバスに図 18.4 の回路を描いてみます。

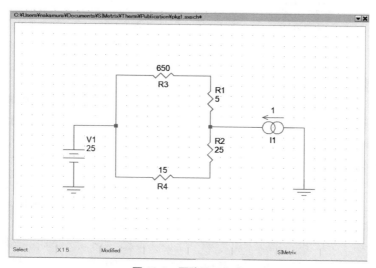

図 18.4　回路図の作成

どこから描き始めても問題ありませんが、プルダウンメニューの「Place」→「Voltage Sources」→「Power Supply」にカーソルを合わせ、クリックしてマウスを少し動かしてみてください（図 18.5）。ポインタがバッテリーの記号に変わるはずです。記号を置きたい位置まで移動してクリックしてくださ

い。記号の色が赤に変わり位置を確定します。「+」のアイコンの状態で記号を再度クリックすると選択状態になり、移動することも「Delete」キーを押して消去することもできます。部品アイコンのままの場合は、「Esc」キーを押すと「+」アイコンになります。

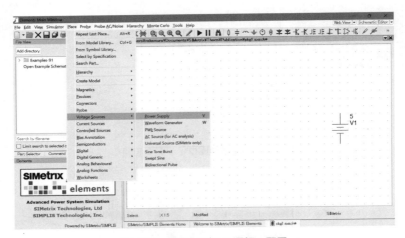

図 18.5　部品モデルの選択と配置

（2）部品の配置

次に抵抗を配置してみます。プルダウンメニューには、とても多くの部品があることに気づいたと思います。熱解析では使わないものが多いので、よく使う部品だけアイコンに出しておくのがよいでしょう。

抵抗の記号は、アイコンに出ているのが箱型タイプなので、よく見るジグザグ型の記号にしたい場合は Resister（Z shape）を出しておきます。「View」→「Configure Toolbar...」でアイコンの取捨選択ができるので、図 18.6 のようによく使う部品を使いやすい順に並べておくのがよいでしょう。

ツールバーに出ているアイコンをクリックすると、ポインタが部品記号になります。この状態で「F5」キーを押すと部品記号を 90°ずつ右回転させることができます。向きと位置を定めてからクリックして部品をキャンバスに配置します。

配置した後に部品をダブルクリックすると図 18.7 のウィンドウが現れます。「Result」欄に指定したい抵抗値を記入して「OK」ボタンをクリックします。

18.2 回路シミュレータに熱回路網を描いてみよう | 231

Power Supply も電圧を指定していなかったので、同様にウィンドウに指定したい電圧（環境温度に相当）を記入して「OK」ボタンをクリックします。

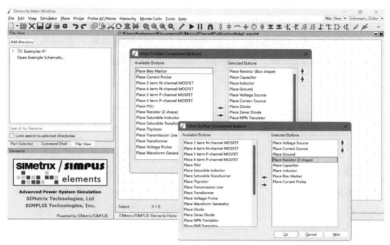

図 18.6　よく使う部品をツールバーに登録しておく

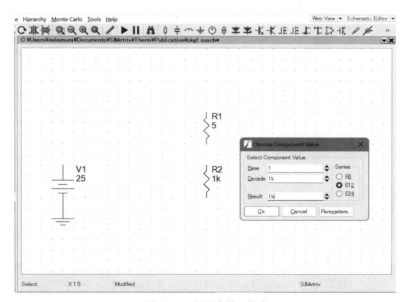

図 18.7　部品定数の指定

Current Source という部品モデルが、熱回路網では発熱源に相当します。プルダウンメニューで「Place」→「Current Sources」→「DC Source」あるいはアイコンの「Current Source」を選んで配置してください。ここもダブルクリックで「Current Source」の定数設定ウィンドウを開き、電流値〔A〕を入力する「DC parameters」に発熱させたい発熱量〔W〕を記入します。Voltage Source と Current Source の下側の端子に接続するのはアースの記号です。アイコンからアース記号を選んで配置します。

(3) 配線とシミュレーション

　部品と部品の間を配線でつなぎます。ペンのような形をした「Wire Mode」ボタンをクリックして、ポインタがペンの形に変化したことを確かめます（図18.8）。「Hint」ウィンドウが出てきたら、「Close」ボタンをクリックします。「Hint」ウィンドウを今後表示させたくなかったら、「Don't show this message again」にチェックを入れて、「Close」ボタンをクリックします。

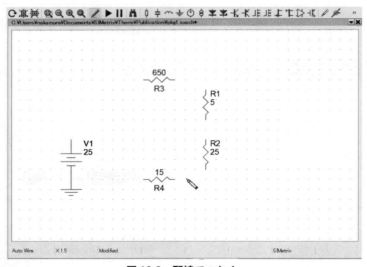

図 18.8　配線でつなぐ

　ペン型のポインタを部品の端子に近づけ、マウスボタンをクリックして伸ばしたい方向にドラッグします。曲げたい場合には一度クリックして、接続したい部品の端子や配線の付近で再度クリックし、「Esc」キーを押して完了しま

す。うまく接続できれば分岐点に■マークが現れるので確認してください。図18.4 のような回路が描けたでしょうか。部品の位置や配線の長さは任意ですから、座標まで例のとおりにあわせなくて大丈夫です。

このサンプル回路網は後述する半導体パッケージの放熱経路を表しています。抵抗と抵抗の接続点の温度が知りたいので、プルダウンメニューから「Place」→「Bias Annotation」→「Place Marker」を選んで現れる5角形のマーカーを接続点に置いて電圧（温度）を表示させる準備をします。

ここで「F9」キーを押してみてください。メイン画面の方に「*** ERROR *** No analysis has been specified」と表示されます。「F9」キーは計算実行コマンドですが、計算内容がまだ指定されていなかったためこのようなメッセージがでます。プルダウンメニューから「Simulator」→「Choose Analysis...」でウィンドウ（図18.9）を開き、右側の「DCOP」にチェックマークを入れて「OK」ボタンをクリックしてください。定常状態の温度を求めるのは、回路シミュレーションの DC Operation に相当しますので、DCOP を指定しておく必要があります。

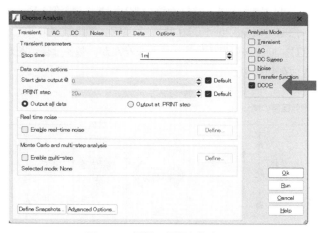

図 18.9 解析の種類を指定する

この設定をしてから「F9」キーを押すと、今度は計算が実行され図18.10のように回路図上に温度が表示されます。

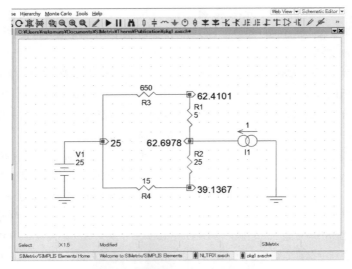

図 18.10　回路図上に温度が表示される

4.2節でも説明したように、電気回路の電圧〔V〕、電流〔A〕、抵抗〔Ω〕は、それぞれ熱回路網の温度〔℃〕、熱流量〔W〕、熱抵抗〔℃/W〕に対応します（図18.11）。回路図に単位は表示されませんが、数値は係数をかけることなく直読できて便利です。

■放熱経路と電気回路の関係

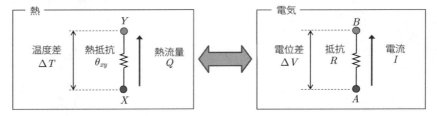

■放熱経路と電気回路の関係

電気	電流 I〔A〕	電位差 ΔV〔V〕	電気抵抗 R〔Ω〕
熱	熱流量 Q〔W〕	温度差 ΔT〔℃〕	熱抵抗 θ〔℃/W〕

図 18.11　放熱経路は電気回路のように考えられる

熱流量（電流）を表示させることもできます。「Place」→「Bias Annotation」→「Place Current Marker」を選択して、部品の端子付近でクリックしてください（図 18.12）。電流モニタにはアイコンは用意されていないようです。電流モニタは部品の端子にしか置けない約束になっていて、反対側の端子に置くと負の値として表示されるので注意してください。電流値の表示に m が付いているのは、1/1 000 を意味するミリです。電流値などを指定する際、定数設定ウィンドウに「1000m」と入力することができます。回路シミュレータでは大文字「M」で入力しても 1 000 000 を表すメガにはならないので注意してください。メガの指定は「meg」と入力します。

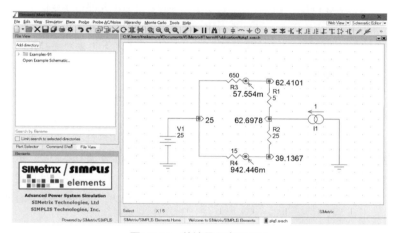

図 18.12　熱流量を表示する

また、回路シミュレータには、以下の制約があります。

制限（1）　フローティングノードを作ってはいけない
　回路はすべて閉回路とし、オープンになっている端子があってはいけません。

制限（2）　必ず接地（アース）されていなければいけない
　回路に必ず 0 V（GND）になっている節点（ノード）がなければならない。

配線が端点とうまく重なっていないと、配線が浮いて制限（1）の条件を満たさず計算されません。配線が途切れていないこと、分岐点に必ず■マークが

できていることを確認しましょう。

18.3 回路、部品モデルの性質を覚えておこう

　抵抗（R）に電流（I）が流れると抵抗の両端に電位差（V）が発生し、その大きさは電流と抵抗の積 $I \cdot R$ となります。オームの法則として皆さんよくご存じだと思います。熱回路網でも、熱抵抗（抵抗）に熱流量（電流）が流れて温度差（電位差）が発生します。部品発熱を解析する場合など、まず発熱量を一定として考えることが多いため、回路シミュレータで一定の電流を発生するソース、すなわち定電流源を用います。時間とともに発熱量が変化する発熱源を解析することもあるので、その場合には電流値が時間変化する電流源を使うことで対応できます。いずれも電流源であることに変わりありません。

(1) 電流源と電圧源

　Current Source（電流源）と対照的な Voltage Source（電圧源）というものがあります。電圧源は一定の電圧を供給するモデルとなっています。両者の違いは、抵抗に接続したときに流れる電流の大きさを比べればわかります。電流源は、抵抗の大きさに関わらず指定した大きさの電流が流れるので、抵抗値を増大すると両端の電圧は上限なく大きくなります。一方、電圧源は指定した電圧になるだけの電流しか抵抗に流しません。このため、抵抗を増大すれば電流は減少します。

　熱解析では、2点間の温度差を一定に保ちたいときに電圧源を使用します。25℃という環境温度を作りたい場合、回路シミュレータでは電圧基準が 0 V なので、電圧基準（アース記号）に 25 V の電圧源を接続します。バッテリー記号は、時間変化しないタイプの電圧源だったのです。時間とともに電圧（温度）が可変できる電圧源も別に用意されています。

　電流源や電圧源といったソース自体が持つ内部抵抗も意識してください。電流源は指定した電流を負荷側に 100% 流すよう、内部抵抗は ∞ となっています。∞ でなければ、送出する電流の一部がソース内部を通過し逆側に流れるリーク電流になってしまうからです。一方、電圧源は自分自身が電圧降下を生じさせないよう、内部抵抗がゼロとなっています。

(2) 温度と熱流量の見方

図 18.12 の熱回路網では、バッテリー上端の接続点（ノード）は 25 ℃ となっています。これは環境温度が一定であることを表しています。R3 には熱流量 57.6 mW が流れ、熱抵抗 650 ℃/W に生じる温度差 37.4 ℃ が加算された 62.4 ℃ が R3 の右端ノードの温度になっています。同様に R4 には熱流量 942.4 mW が流れ、熱抵抗 15 ℃/W に生じる温度差 14.1 ℃ が加算された 39.1 ℃ が R4 の右端ノードの温度になっています。R1 には R3 と同じ、R2 には R4 と同じ電流が流れるので、R1 は温度差 0.3 ℃、R2 は温度差 23.6 ℃ が発生して、同じ 62.7 ℃ で合流しています。

合流点はバッテリー上端より 37.7 ℃ 高くなっています。これは、2 つの経路（R1 + R3、R2 + R4）に分流して流れた合計 1 W の発熱量が生じた温度差です。合流点から電流源を経由してアースに落ちる経路の抵抗は ∞ なので、電流源を接続してもネットワークの抵抗値に影響を与えていません。

電流源をダブルクリックして発熱量を 2 W に変更してみましょう。熱抵抗は変えずに発熱量を 2 倍にすれば、どのノードも 25 ℃（環境温度）からの温度上昇が 2 倍になることが確認できます。さらに発熱量を 10 W にしてみると、400 ℃ を超えてしまいますね。この熱回路網が表す半導体パッケージに、発熱量 10 W のチップを搭載すると大変なことになるということです。

発熱量が大きくても、経路の熱抵抗を小さくすれば温度上昇は抑えられます。R3 を 5 ℃/W にすれば、なんとか使えそうな温度になることがわかります。熱回路網で考えることにより、放熱のボトルネックがどこにあるか考えやすくなります。そして、どの程度改善すれば目標温度に収まるか、簡単に確かめられるのです。

電気回路には、抵抗と並ぶ代表的な部品にキャパシタがあることをご存じだと思います。熱回路網でも時間とともに温度が変化する様子を求めるとき、抵抗と組み合わせてキャパシタ（熱容量）を使用します。この場合、プルダウンメニューから「Simulator」→「Choose Analysis...」で表示される「Choose Analysis」ウィンドウで「Transient」という解析にチェックマークを入れ、温度などを時間に対してプロットします。こうした過渡熱解析にも、回路シミュレータ（SIMetrix）は充実した機能で応えてくれます。操作の手順は次章で詳しく述べます。

第19章
第3部の例題を解いてみる

19.1 アルミプレートの切断箇所と節点温度

　第9章の例題「2つの発熱体が設けられたアルミプレート」（図9.1）を回路シミュレータ（SIMerix）で解いてみましょう。熱抵抗の結合（図9.3）の図をSIMetrixの入力画面に描いて、等価回路を設定します（図19.1）。計算シート（図8.2）では、節点1、節点2間の熱抵抗を熱コンダクタンスで指定しましたが、SIMetrixでは、この値の逆数をとった熱抵抗を入力して、計算シートと等価なモデルを作成します。部品を置いた位置によって、結線が長くなることもありますが、トポロジー（結線関係）が違っていなければ、同じ定数を与えている限り、同じ計算結果が得られます。結線の交差に■（緑色）が表示されていれば接続、なければ交差（非接続）なので、これをみてトポロジが正しいか判断できます。

　このように回路図として、視覚的に結線関係が表示されるので、入力した本人は設定ミスに気づきやすく、第三者からみても、回路網、接続関係をイメージしやすく便利です。また部品（抵抗）の横には抵抗値が表示されるので、どんな値が設定されているか確認できます。同じ部品（抵抗）には自動的（記入順）に番号がふられ、ここではアルミ板上にR7〜R11、アルミ板から遠方空気への経路（熱伝達）にR1〜R6がふられています。

　発熱源の記号が図9.3と違いますが、SIMerixでは⊖が電流源の記号となります。Gnd記号は同じ、この記号がついた節点（ノード）はすべて同電位（基準温度）となります。周囲温度（25℃）は、基準温度（0℃）に対して電圧源（DC電圧）で与えます。R1〜R6と電圧源が接続されているノード（全体）は、アルミ板から充分遠方の空気温度（25℃）を示します。

19.1 アルミプレートの切断箇所と節点温度

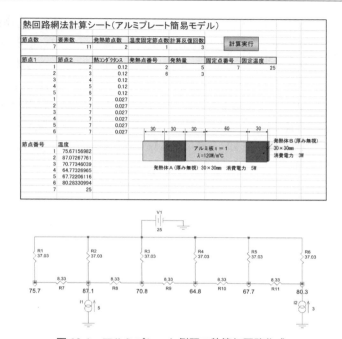

図 19.1　アルミプレート例題の熱等価回路作成

　電流源が記号の矢印の向きに電流を流します。電流源が接続されたノードには、複数の抵抗が接続され、遠方空気まで抵抗ネットワークが形成されています。それぞれの経路の抵抗の大きさ（合成抵抗）に従って電流分配され、経路に生じる電圧降下（IR ドロップ）分だけ、R7 〜 R11 両端の 6 ノードの温度は遠方空気（25 ℃）より高い温度となります。ノードの温度は、5 角形のバイアスマーカー（図 18.10 で説明）をおいて表示させます。SIMetrix は電圧（V）表示していますが、ここでは単位系に気をつけて熱回路網を描いているので、値を温度（℃）として読むことができます。桁数（小数点以下）が多く表示されますが、File → Options → General で Schematic ウィンドウを開き、Bias Annotation Precision で指定して桁数を減らすことができます。

　ここで覚えておきたいのが、電流源は電流を吐き出しますが、電流が電流源を通過して流れないということです。これは電流源内部の抵抗が非常に大きい（無限大）ため、発熱部から電流源を介して基準点（0 ℃）に電流（熱流量）が漏れることはありません。

各接続点の温度を確認したら、アルミ板を切断してみましょう。第9章では中央で切断したので、R9を削除してみます（図19.2）。SIMetrixでは部品（R9）にカーソルをあてて、Deleteすると部品が削除されるので切断したことになります。切断前と比べて、各節点（6か所）の温度が変化します。一瞬で節点の温度が書き換えられるので、切断前に戻したければ、[Ctrl]+[Z]を押して、切断前の節点温度を確かめてください。このように部品削除、復元が容易なので、R9以外の箇所で切断した場合も試してみました（図19.3）。

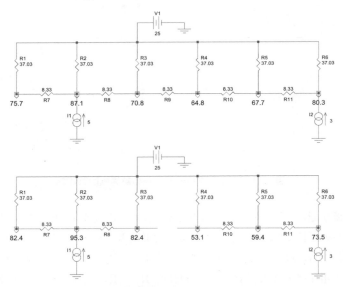

図19.2　アルミ板の切断（中央）前後の等価回路

　切断しない場合（連続）と比べて、中央で切断（R3削除）すると切断箇所の左側は上昇、右側が下降するので、節点4は5W発熱（節点2）の影響で温度が高かったことがわかります。中央の一つ右側を切断するとどうでしょう。節点4は左側を切断されて温度が下降しましたが、節点5は左側を切断されると温度が逆に上昇します。5W発熱（節点2）が節点1～4で冷却され（面積増大）、3W発熱（節点6）が5～6で冷却される（面積減少）ためでしょう。
　アルミ板は6つのタイルで構成されていて、切断箇所により左右の連続タイルの枚数が変化すると考えてみてください。連続するタイル内では電流（熱流量）が流れやすいことがポイントです。連続タイル内（熱伝導）は、遠方空気

19.1 アルミプレートの切断箇所と節点温度

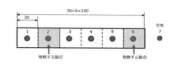

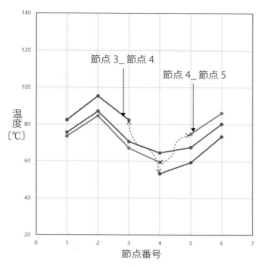

プレートを分割したときの各節点の温度〔℃〕

節点番号	1	2	3	4	5	6
連続	75.7	87.1	70.8	64.8	67.7	80.3
1_2 分割	25.0	106.5	83.2	73.0	73.5	85.0
2_3 分割	108.2	126.9	41.9	45.7	54.2	69.2
3_4 分割	82.4	95.3	82.4	53.1	59.4	73.5
4_5 分割	73.7	84.6	67.3	59.5	74.9	86.2
5_6 分割	70.4	80.6	61.7	51.1	46.3	136.1

図 19.3　切断箇所と節点温度の変化

までの抵抗（熱伝達）に比べて、熱抵抗が小さいので連続タイル内で熱が伝導しやすく、抵抗ネットワークの分圧に応じた電圧（温度）が各タイルの中央温度（節点）が平衡状態になります。熱回路網を回路図で描くと、こうした熱の流れがイメージしやすくなります。

　もう1つ右側（節点5, 6間）で切断すると、左側（節点5）の下降、右側（節点6）の上昇がさらに強まり、3 W 発熱（節点6）をタイル1枚で冷却するので、2枚（節点5, 6）で冷却する場合と比べて、ΔT（25 ℃からの温度上昇）が約2倍になります（図 19.4）。そう、放熱面積が半分なら、温度上昇が2倍になることが定量的に推定できるのです。

　中央のひとつ左側（節点2, 3間）で切断しても節点1, 2がかなり高温になります。これはタイル2枚で5 W 放熱なので、先ほど（節点5, 6間）の1枚で3 W 放熱ほど高温にはならないことが推定できます。

　では最も左で切断（節点1, 2間）するとどうなるでしょう。端のタイル（節点1）は熱源から切り離されてしまうので、環境温度（25 ℃）になります。タイル2～6は熱源5 W、3 W の放熱を担いますが、5枚あるので、切断前に比べて温度上昇が全体で約6/5倍で、切断されたタイルに近いタイル2, 3, 4は遠いタイル5, 6に比べて温度上昇がやや大きいことがわかります。この例題の

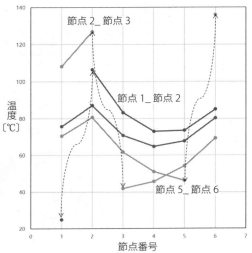
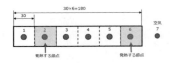

プレートを分割したときの各節点の温度〔℃〕

節点番号	1	2	3	4	5	6
連続	75.7	87.1	70.8	64.8	67.7	80.3
1_2 分割	25.0	106.5	83.2	73.0	73.5	85.0
2_3 分割	108.2	126.9	41.9	45.7	54.2	69.2
3_4 分割	82.4	95.3	82.4	53.1	59.4	73.5
4_5 分割	73.7	84.6	67.3	59.5	74.9	86.2
5_6 分割	70.4	80.6	61.7	51.1	46.3	136.1

図 19.4 切断箇所と節点温度の変化

アルミプレート（2 か所発熱）は、切断箇所によってさまざまな温度分布をとります。材質をアルミとした仮想実験はこのくらいにして、材料を変えてみましょう。

アルミより熱伝導性が低い鉄、高い銅に変更した場合はどうでしょう。鉄、銅の熱伝導率を 67 W/(m K)、398 W/(m K) とすると、タイルの熱抵抗は、鉄で 14.93 ℃/W、銅で 2.51 ℃/W となります。R7, R8,…, R11 の抵抗値をこれらの値に変更（部品をダブルクリックして現れる入力欄の値を書き換え）します。タイルの材質が変わっても大きさを変えなければ空気への熱伝達は同じと考えられるので、R1〜R6 は変更する必要がありません。

左に鉄の場合、右に銅の場合、アルミ板のときと同じように切断箇所を変えて比べてみました（図 19.5）。切断なしで比べて、熱伝導率が低い鉄では、高い銅より、各節点の温度差が大きい（熱源節点の温度が高く、熱源から遠い節点の温度が低い）傾向がみられます。銅板では、節点温度が ±3.9 ℃の範囲に収まり、均熱性が高いことがわかります。アルミ板では ±11.2 ℃、鉄板は ±22.8 ℃まで拡大するので、熱伝導率の高い材料を使うと、温度分布を小さくできることがわかります。

19.1 アルミプレートの切断箇所と節点温度 243

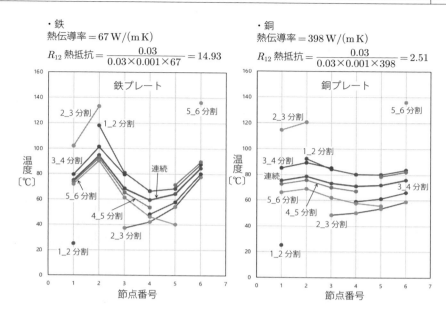

図 19.5　鉄、銅プレートを分割したときの節点温度

　切断箇所を変えたときの節点温度の増減傾向は、どの材質でも同じような傾向がみられます。熱伝導率が高いほど、切断しても節点温度の範囲が狭い（鉄＞アルミ＞銅の順に小さい）傾向がみられます。ただし、タイル1枚になる（両端のプロット）と材質の差は（この簡易モデルでは）みられません。

　9.3節で学んだ熱伝達率の非線形（壁面温度と流体温度の差が大きいほど熱伝達率が高い）により、R1〜R6は節点温度により変化します。非線形を考慮した計算シートで求めた熱コンダクタンス値を用いて等価回路に熱抵抗を設定すると、計算シートと同じ結果（節点温度）が得られます（図19.6）。熱伝達率の非線形性を考慮することで、節点温度が大きく変わるものでもありませんが、このあとの計算には、非線形性を考慮した熱伝達率を使用します。

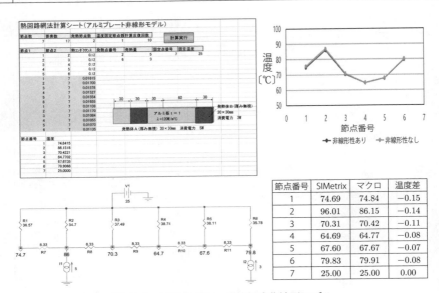

図 19.6　アルミプレート熱伝達非線形モデル

19.2　アルミプレート節点温度の時間変化

　発熱源と抵抗ネットワークで節点の飽和温度を求めることができ、これらにキャパシタを加えると、温度上昇の過程がみられるようになります。10.2 節で求めたアルミ板の熱容量（タイル 1 枚あたり 2.187 J/K）を回路網に付加してみましょう（図 19.7）。発熱源はこれまでの電流源を使いますが、電流源をダブルクリックして Pulse タブを開き、Pulse、Step を選択し、節点 2 の電流源は振幅が 0 〜 5 A となるよう、Minimum：0、Maximum：5、Amplitude：5 と入力（自動的に Offset：2.5）します。節点 6 に接続した電流源は同じ手順で振幅が 0 〜 3 A になるよう設定します。節点温度は時間変化するので、グラフ化するため、[Alt]+[b] で「Place Fixed Voltage Probe...」を選択して、節点 1 〜 6 に配置します。解析モード（Simulator → Choose Analysis...）は、Transient を指定して「Run」すると時間（横軸）とともに節点 1 〜 6 の温度（縦軸）が上昇するプロットが出現するでしょうか。10.2 節と同じカーブが得られるでしょう。

19.2 アルミプレート節点温度の時間変化

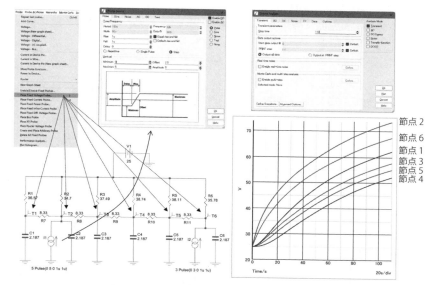

図 19.7 過渡解析の設定と節点温度の時間変化

10.2 節のカーブにもみられたように、発熱開始直後から節点 2, 6 は急峻に上昇するのに対して、他の節点 (1, 3, 5, 4) は少し遅れて上昇が始まります。これはなぜでしょう。等価回路で接続関係をみると、節点 2, 6 のキャパシタ (C2, C6) には電流源が直接接続され、他の節点のキャパシタ (C1, C3, C4, C5) はいずれも抵抗を介して電流源が接続されているので、この差が原因であろうことがわかります。回路シミュレータ (SIMetrix) では任意の個所で電流 (熱流量) を観測することができます。[Alt]+[b] で「Place Fixed Current Probe...」を選択して、C1, C2 の端子に配置します。抵抗 R1, R2 に流れる電流もモニタできるようにしておきます。「Run」で実行すると、温度上昇のグラフに電流の時間変化 (縦軸は第 2 軸) が付加されます (図 19.8)。C2 には発熱直後 (0 sec) が最大、時間とともに単調減少する電流が流れ、C1 にはゼロでスタートし、増大したのち減少に転じる電流 (i_C1) が流れます。C1 には R7 を通過した電流 (i_R7) が R1 と分流して流れ込むので、i_R1 + i_C1 = i_R7 の関係があり、スタート直後はほとんど C1 に流れ込み、充電されてくると R1 に流れる量が増えることがわかります。このため、R1 の電流増加は R2 より遅れます。

第19章 第3部の例題を解いてみる

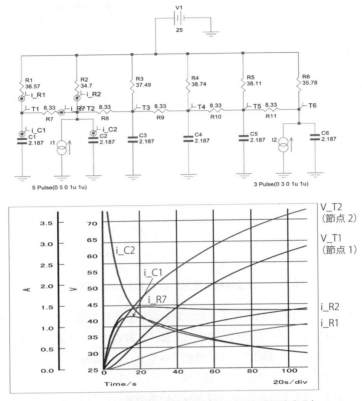

図 19.8 初期温度上昇の差に関する分析(電流変化)

R1, R2 に流れる電流に抵抗値を乗じた値が 25 ℃からの温度上昇となるので、V_T1(節点 1)の温度上昇は V_T2(節点 2)より遅れます。等価回路(SIMetrix)では電流も容易にモニタできるので、電圧(温度)変化の要因検討に利用できます。熱流量の観測は、実機では容易ではありません。熱流量が測れないので、温度を手掛かりに熱流量を推定するしかないのが現実です。そこで実機を熱回路網でモデル化して、温度(電圧)とともに熱流量(電流)の向き、大きさを分析すると、放熱設計の検証に役立つことがあります。

キャパシタを加えた等価回路で温度上昇を追っていくと、やがて飽和します。アルミ板では 600 sec 程度で飽和温度に達します(図 19.9)が、この温度は発熱源と抵抗ネットワークで求めた温度(定常解析、図 19.1)に一致しま

す。実機のモデル化で正確な熱容量が得られなくとも、暫定値で計算して、信用できる飽和温度が得られる（上昇カーブは怪しい）ことになります。

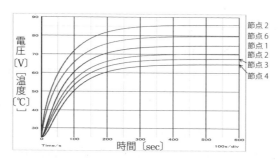

図 19.9　節点温度の時間変化、飽和温度

発熱を止めた後の温度変化は、発熱源の設定で Single Pulse を選択し、Width を on から off にする時刻（ここでは 600 sec）に伸ばすと求めることができます（図 19.10）。off になった直後の温度変化も、節点 2, 6 は急峻に下降し、他の節点（1, 3, 5, 4）は少し遅れて下降するところに、on 直後と同じ傾向がみられます。昇温過程に 600 sec 要したように、降温過程でも環境温度（25 ℃）に戻るのに 600 sec かかります。

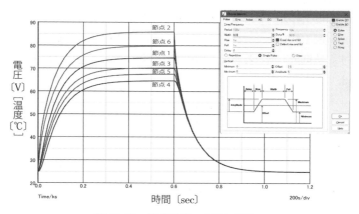

図 19.10　節点温度の上昇と下降

19.3　周期的発熱と節点温度

　発熱量を周期的に変化させる場合（10.3 節）、SIMetrix では電流源の設定を Repetitive にします。PWL（piece wise liner）形式で 1 周期分の時間、振幅、Duty 比など指定するので、10 章の「発熱量タイムチャート」（図 10.6）は、Width 10 sec、Duty 50％ と指定します（図 19.11）。発熱源 1, 2 は交互に on/off させていたので、発熱源 2 の Deley を 10 sec にすると同じタイムチャートが設定できます。

　発熱を on/off すると、発熱が一定の場合（図 19.7）より、節点 2, 6 と節点 1, 3, 5, 4 の差が顕著に表れます（図 19.11 グラフ右）。抵抗を介してキャパシタに充電される節点 1, 3, 5, 4 は、直接充電される節点 2, 6 のように急峻な上昇/下降を毎サイクル見せず、角が取れた変動で上昇し、発熱源から最も遠い節点 4 はほぼ単調増加します。

　なだらかな温度上昇を作るのは節点間をつなぐ抵抗 R7, 8, 9, 10, 11（熱伝導）です。ここに流れる電流をみると、R9 と R10 に流れる電流の振幅変化が小さいことがわかります（図 19.12）。さらに R9 と R10 の電流振幅は、ほぼ同振幅で同相なので、R4 に流れる電流には振幅変化がないだろうことがわかります。i_R10 と i_R9 の差分（ほぼ時間変化なし）が R4 に流れるので、振幅変動がない温度上昇カーブになります。抵抗 R1, 2, 3, 4, 5, 6 に流れる電流をプロットする（図 19.13）と、温度上昇のプロット（図 19.11）は全く同じカーブを描きます。熱抵抗に流れる電流（熱流量）変化によって電圧（温度）変化が生じています。

19.3 周期的発熱と節点温度 | 249

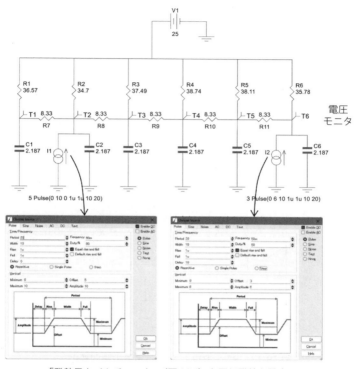

「発熱量タイムチャート」（図10.6）と同じ発熱を設定

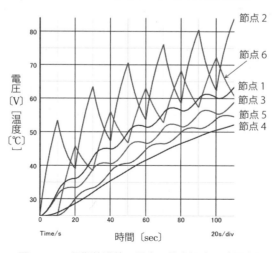

図 19.11　周期的発熱の設定と節点温度の時間変化

第 19 章　第 3 部の例題を解いてみる

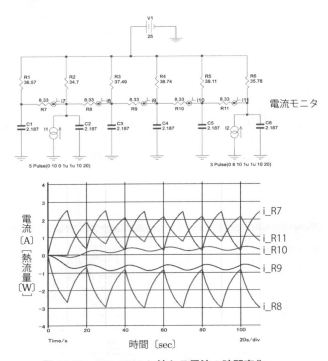

図 19.12　R7 〜 R11 に流れる電流の時間変化

　on/off の時間間隔を短くするとどうでしょう。Width を 1/10 の 2 sec にすると、温度上昇カーブのノコギリ波形が、時間方向にも振幅方向にも 1/10 に小さくなり、平均温度付近を推移します（図 19.14）。時間間隔が粗くても、細かくても、on/off 平均温度は、同じような上昇カーブを描くことがわかります。発熱量（時間平均）が温度上昇を決めていることを改めて認識できます。時間平均は Duty 比に依存します。設定ウィンドウの Duty を 50 ％ → 25 ％ に変更すると、温度上昇が 1/2 になります。

19.3 周期的発熱と節点温度

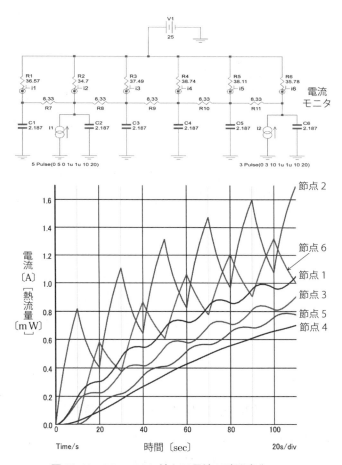

図 19.13 R1 ～ R6 に流れる電流の時間変化

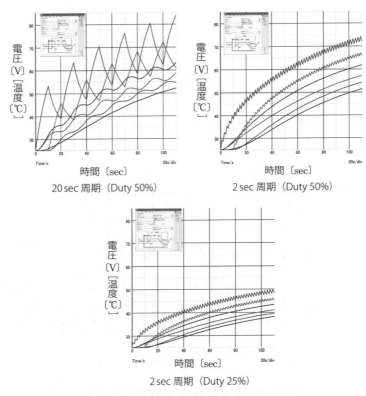

図 19.14　発熱周期、発熱 Duty と節点温度

　2つの発熱源が交互に on/off するケースをみてきましたが、同時に on/off するとどうでしょう。どちらの発熱源も Deley をゼロにすると交互ではなくなります。実は交互 on でも同時 on でも、飽和までの時間（約 600 sec）に比べてずっと短い間隔（20 sec）で on/off する分には、温度上昇にほとんど差がみられないことがわかります（図 19.15）。もっと長い周期、例えば 300 sec 間隔で on/off するような場合は同じとはいえなくなるでしょう。

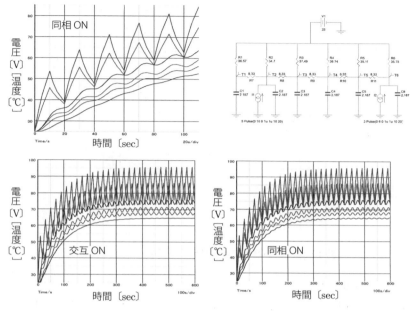

図 19.15　交互発熱と同時発熱

19.4　部品モデルと節点温度

　アルミプレートをプリント基板（表面長手方向に 2 mm 幅の Cu 配線が 4 本）に変更し、発熱は 15 mm □の部品ブロック（2 抵抗で表現）とした例題（図 11.5）を SIMetrix で解いてみます。計算シートの熱コンダクタンスから求めた熱抵抗を使用しました（図 19.16）。

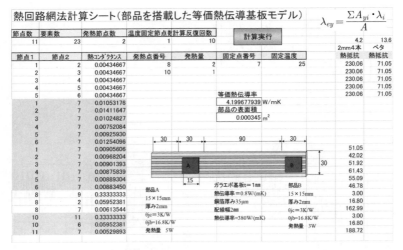

図 19.16　樹脂基板に半導体部品（2抵抗）を配置する

　アルミプレートに比べるとプリント基板の熱抵抗（伝導）が高いため、発熱量が2W、1Wと小さくても節点2の温度上昇が50℃以上となります。部品ブロックの内部温度（チップ温度）は103℃となります。プリント基板の配線（2mm幅4本）を太くして全面配線（ベタ配線）を想定すると、配線での等価熱伝導率 4.2 W/(mK) が、ベタでは 13.6 W/(mK) になるので、節点2の温度もチップ1の温度も約10℃下がります。ところが節点1や節点3, 4, 5はわずかに高くなっています（図19.17）。

　プリント基板の熱伝導がよくなり、節点2に集中していた空気へ熱伝達が節点 1, 3, 4, 5 にも分散するため、R1, R3, R4, R5 の負担（通過する熱流量）が増えて、節点 1, 3, 4, 5 の温度が上昇します。チップ1発熱の上下の分配をみると、基板側に流れやすくなり、熱流量がアップ（1.59 W → 1.65 W）しています。それでも節点1の温度に、R12を通過する熱流量分が加算されてチップ温度が決まるので、節点1の温度低減の効果から、チップ1の温度が低減しています。

　チップ1の発熱（2W）は高い比率で基板側（表面積が大きい）に流れています。部品上面への比率を高めるには、部品に放熱フィンを載せて表面積を拡大します。空気と接する面積が大きなフィン（熱伝達コンダクタンスが5倍）を搭載すると、R15 が 37.8 ℃/W になり、配線4本でも、基板温度（節点1

19.4 部品モデルと節点温度 | 255

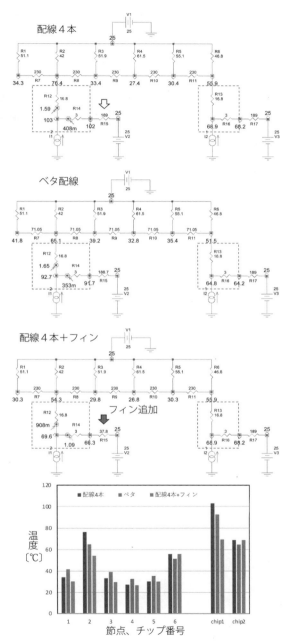

図 19.17　チップ温度の低減

〜 6）はベタの場合よりすべて低く、チップ温度は 36 ℃低くなります。チップ上方 / 下方に分流する熱流量の比率（2 抵抗に流れるで電流比率）は、ほぼ等分になっています。高発熱の CPU など、部品上面から空気に放熱する放熱フィンがよく使われるのは、部品温度のベースとなる基板温度（部品搭載位置）を高めないためです。フィン搭載より、もっと上方から熱を奪う方法として、金属筐体に熱伝導させる構造や、冷却器（水冷）に接触させる方法がよく利用されています。

第20章
半導体チップとパッケージ

20.1 パッケージの内部構造と放熱経路

(1) パッケージの内部構造

一般に半導体パッケージは、シリコンチップの周囲をシリコンよりは熱伝導率が小さい材料で覆った構造をとります。チップの熱はパッケージを通過して拡散するため、これらの材料や構造が放熱性能を決定づけます。

一般的なBGAパッケージ（図20.1）を例にとると、チップより上側の領域はパッケージ上面までモールド樹脂で埋められています。チップより下側の領域には、接着剤層、BGA基板（インターポーザー）、その下に多数のはんだボ

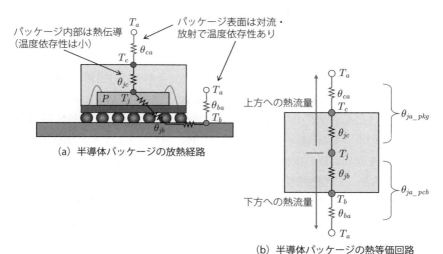

(a) 半導体パッケージの放熱経路

(b) 半導体パッケージの熱等価回路

図 20.1　半導体パッケージの熱等価回路

ールがあり、回路基板への放熱経路が形成されています。

　実際の放熱経路は複雑ですが、これを単純化した一次元放熱モデルが使われます。このモデルでは、チップ上面からパッケージ上部への経路と、回路基板（パッケージ下部）への経路の2つに分けます。

　この考え方は、JEDEC[†1]規格の熱抵抗 θ_{jc}, θ_{jb} に採用され、測定方法などの定義が明確に定められているので、放熱指標としてよく使われます。

　θ_{jc} はチップ上部のレジンの厚さ、熱伝導率に比例し、チップ面積が大きいほど小さな値をとります。パッケージは薄型化が進んでいるので、2〜10 ℃/W 程度の値をとるもの（フリップチップ実装品を除く）が多くなっています。

　θ_{jb} は JEDEC 規格で規定した評価用の実装基板とチップとの差から求めます。θ_{jc} は上から見て、パッケージ、チップの中心を代表点としているのに対して、θ_{jb} はパッケージの側方（1 mm）を基準としています。これは熱電対などで測定しやすいことを重視して決められたためです。まれにチップ中心で規定している θ_{jb} もあるので、どの点を基準としているかパッケージ構造ごとに注意を払う必要があります。細かく言えば、QFPのようなリードタイプでは、はんだ付けしたリードの上で規定した温度が正式です。θ_{jb} は複数の素材を経路に含みますが、1つの合成抵抗として表されます。素材ごとに分解した抵抗の直列接続で表すこともできますが、ここでは1つの抵抗として扱います。

(2) 半導体パッケージの熱等価回路網と熱抵抗の値

　実は、図 18.12 で R1, R2 として記述していた抵抗は、θ_{jb}, θ_{jc} を意識したものでした。つまり、電流源（発熱源）から R1, R2 に分岐する点がチップ上面（発熱部）を示し、R1 の上端はパッケージ表面（中央）、JEDEC 規格で言う T_c に相当します。R2 の下端は、パッケージから少し実装基板に入り込んだ地点を代表するもので、T_b と呼ばれる点に相当します。パッケージ側方1 mmの基板上の点（実際にはパッケージを囲う等温線）を表します。JEDEC 規格での呼称を熱回路網の接続点、熱抵抗に書き込んだものが図 20.2 です。ここではパッケージの放熱特性を θ_{jc} = 4.11, θ_{jb} = 24.93 としました。

　パッケージ上面の T_c から遠方地点（環境温度 T_a）までの区間が θ_{ca} で、パッケージ表面の対流・放射の熱抵抗です。θ_{ba} は実装基板の表裏面から遠方

[†1] JEDEC 半導体技術協会（JEDEC Solid State Technology Association）。半導体技術の標準化を行うための事業者団体。

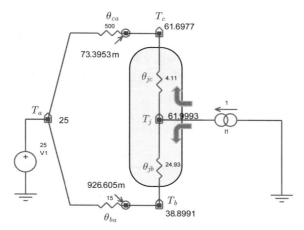

図 20.2　半導体パッケージの放熱経路

地点（環境温度 T_a）までの熱抵抗で、同様に基板からの対流・放射を含みます。空気の熱伝導率は樹脂の 1/10 程度のため、固体内の熱伝導に比べて表面からは熱が伝わりにくいです。この結果、θ_{ca} と θ_{ba} は大きな値をとります。ただし、θ_{ca}（部品表面）と θ_{ba}（基板表面）では空気に接している面積が 50 倍程度違うので、図 20.2 に示した数値のように θ_{ca} だけ大きくなります。空気への熱抵抗は、2.4 節の（式 2.8）～（式 2.11）、2.5 節の（式 2.16）で説明した対流・放射の熱抵抗の並列合成になるため、表面積に応じて後掲の図 20.5 のような値をとります。パッケージを□ 20 mm（面積 400 mm^2）とすれば、θ_{ca} はおよそ 500 ℃/W と考えられます。JEDEC の評価基板は 10 000 mm^2 なので、θ_{ba} は 10 ～ 20 ℃/W 程度の値をとります（自然対流）。

パッケージも基板も面内に温度差があり、均一ではありません。そのため、平均熱伝達率は、第 2 章の式で計算した値（等温壁面条件）より小さくなります。

強制対流では θ_{ca} は、もっと小さな値になります。このグラフからは幅を持った数値しか得られません。厳密な数値を得るには熱流体解析などを行います（20.4 節参照）。

パッケージ上面から空気への θ_{ca}、評価基板から空気への θ_{ba} は、どちらも環境温度を表す T_a で合流します。JEDEC 規格で定義された熱抵抗には、T_a ～ T_j 間で定義される θ_{ja} という熱抵抗があり、θ_{jc} や θ_{jb} よりポピュラーです。

第 20 章 半導体チップとパッケージ

θ_{ja} は、チップ温度 T_j の周囲温度 T_a からの上昇分を発熱量で割って求めます。図 20.3 に示すような JEDEC 規格に準拠した評価基板に半導体パッケージを搭載し、密閉アクリル容器中で測定します。T_a は発熱源の影響を受けない対流の風上（基板の下部）を測定します。T_j は発熱チップに仕込んだダイオードの順方向電流の温度依存性を利用して、あらかじめ用意しておく検量線から温度に換算する方法などで求めます。

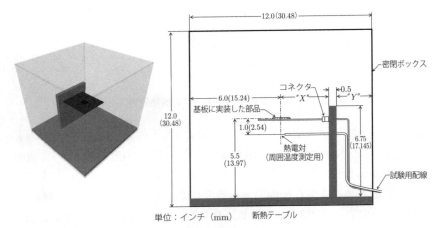

(a) JEDEC で定められた測定用容器
304.8×304.8×304.8 mm

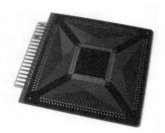

(b) JEDEC で定められた測定用基板例
　　実装基板：40 mm 以下の BGA ⇒ 101.6×114.3×t1.6 mm, 4 層（JESD51-9 準拠）
　　　　　　 27 mm 以上の QFP ⇒ 101.6×114.3×t1.6 mm, 4 層（JESD51-7 準拠）
　　　　　　 27 mm 未満の QFP ⇒ 76.2×114.3×t1.6 mm, 4 層（JESD51-7 準拠）
　　　　※基板の残銅率は（20-100-100-20％）

図 20.3　JEDEC 規格（JESD 51-2）による評価環境

θ_{ja} は T_a と T_j の温度差から求めるので、回路網では両矢印で示す区間の熱抵抗となります（図 20.4）。これは、$\theta_{jc}+\theta_{ca}$ と $\theta_{jb}+\theta_{ba}$ という 2 つの熱抵抗を並列に接続した合成抵抗だということに注目してください。放熱器を付けない小型の半導体パッケージでは、$\theta_{jc}+\theta_{ca}$ は、$\theta_{jb}+\theta_{ba}$ に比べて 20 倍ほどの値となります。

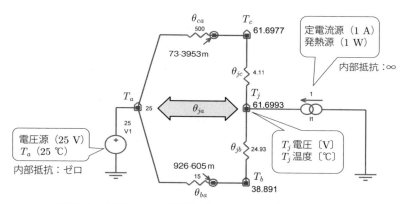

図 20.4 □ 20 mm の半導体パッケージによる放熱量の試算

各部の熱抵抗を入れてシミュレーションした結果を図 20.5 に示します。熱流量（電流）をモニタして確認できるように約 95％は基板経由で空気に伝わります。つまり部品表面からは 5％程度の熱しか逃げません。わずかな熱流量（電流）しか流れなく熱抵抗（抵抗）の両端には温度差（電位差）が生じないため、θ_{jc} の両端はほぼ同じ温度となります。パッケージ上面を断熱にして上面温度を測れば、ほぼチップ温度を知ることができるわけです。詳しくは、20.3 節で述べます。

第 20 章 半導体チップとパッケージ

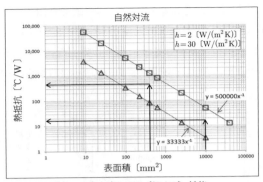

(a) 20 [mm]≒500 [℃/W] 前後、
　　JEDEC 基板≒10~15 [℃/W]

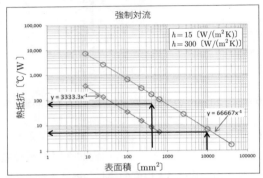

(b) 20 [mm]≒50~100 [℃/W] 前後、
　　JEDEC 基板≒5 [℃/W]

算出方法

熱伝達率 h [W/(m^{2}K)] は、自然対流では 2～30 W/(m^{2}K)]、
強制対流では 15～300 W/(m^{2}K) なので、$\theta_{ca}(\theta_{ba})=1/(h \cdot S)$ で計算できる。
S は、熱伝達が発生する部分の表面積 [m^2]。

※ JEDEC Standard より引用

図 20.5　θ_{ca}, θ_{ba} の導出方法（経験則）

20.2 半導体パッケージの熱特性の測定方法

ここでは、θ_{jc}, θ_{jb} の測定原理を図 20.6 の上で考えてみます。

JEDEC 規格によると、θ_{jc} はパッケージの側面や下面からは一切熱伝導しないように工夫した治具を用いて測定することになっています。熱回路網で言えば、基板経由の放熱経路（$\theta_{jb} + \theta_{ba}$）の熱抵抗を無限大とし、実質的な経路を上面に限定します。さらに水冷ジャケット（Cold Plate）を用いて θ_{ca} をゼロとすることで残った θ_{jc} を測定するということです。この環境下で測定すれば、$T_a \sim T_j$ 間の温度差は θ_{jc} だけによって生じていることになります。

θ_{jb} は逆に発熱の 100% の熱が基板側に伝わるような測定環境を用います。部品上面側を断熱し、水冷ジャケット（Cold Ring）をパッケージの周囲（円形）の基板の表裏に設けた上で、パッケージから 1 mm 離れた等温線上で測温します。

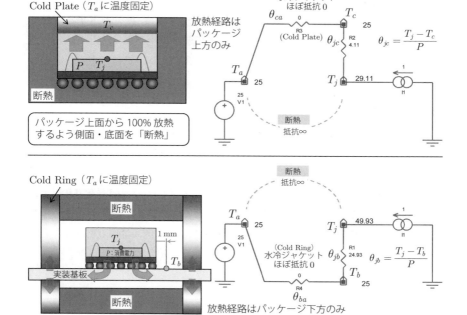

図 20.6　θ_{jc}, θ_{jb} は他の経路を断熱して求める

こうして求められる θ_{jc} と θ_{jb} は、主にパッケージの熱伝導によって決まるパラメータなので、パッケージ固有の値として扱うことができます。上面に放熱フィンなどを搭載してもこれらの値はほとんど変化しません。放熱フィンを搭載すれば θ_{ba} が小さくなり、上面経由の放熱性が向上する結果、θ_{ja} は改善します。つまり θ_{ja} は、実装形態によって変動するパラメータなのです。実使用環境が JEDEC 規格の評価環境と違えば、実際の θ_{ja} はカタログ数値の θ_{ja} とは異なります。このため、θ_{ja} に発熱量を乗じて温度差を求め、チップ温度を推定するのは誤りのもとです。筐体の大きさによっても熱抵抗 θ_{ja} は変化するので注意しましょう。

20.3　チップ温度の推定（チップ温度は思いのほかケース温度に近い）

CPU など、チップに温度センサを内蔵しているものもありますが、一般的には半導体のチップ温度（T_j）は測定が難しいです。またチップ温度は実装環境や動作状態で変動するので、実機で確認しなければ正確ではありません。

そこで、表面温度 T_c を測定して間接的にチップ温度 T_j を推定する方法がとられます。このとき、熱流量が一定の比率でチップ上下に分流していることを考えなければなりません。また、T_c の測定誤差についても考慮する必要があります。

(1) 温度測定の注意点

T_j がパッケージ内部にあるのに対して、T_c は表面なので測定しやすいです。樹脂封止パッケージなら、サーモグラフィで容易に温度を知ることができますし、熱電対を上面に固定して測定することもできます。

表面が金属光沢を持つパッケージでは、黒体スプレーで放射率を 0.9 以上に高めないとサーモグラフィでの測温誤差が大きくなります。熱電対を使う場合には、熱電対から放熱しないよう K 型の細径タイプ（例えば ϕ 0.1 mm など）を使用します。

(2) T_j の推定誤差

図 20.6 や図 20.7 に示した熱パラメータの定義式を変形すると、以下の式が得られます。

$$\theta_{ja} = \frac{T_j - T_a}{P} \quad \Rightarrow \quad T_j = \theta_{ja} \cdot P + T_a \quad \text{(式 20.1)}$$

$$\theta_{jc} = \frac{T_j - T_c}{P} \quad \Rightarrow \quad T_j = \theta_{jc} \cdot P + T_c \quad \text{(式 20.2)}$$

これらの式から、θ_{ja} や θ_{jc} さえわかれば、測定した周囲温度 T_a, T_c と発熱量 P から T_j を推定できそうな気がします。しかし、これは誤解です。

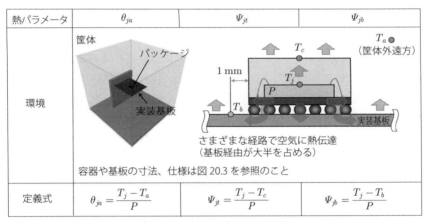

図 20.7　JEDEC 規格で決められている熱パラメータ

図 20.8 は、BGA パッケージの θ_{ja} を小型デジタルカメラ（DSC）に搭載して測定した場合と、JEDEC 規格のチャンバーに入れて測定した場合で求めたものです。両方とも、T_a は筐体外気温度（25 ℃）を基準としています。

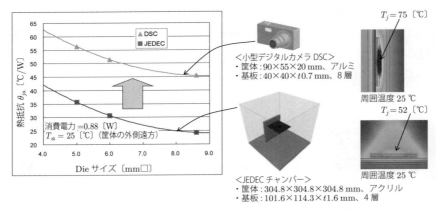

図 20.8　同一部品でも実装環境を変えると熱抵抗 θ_{ja} は異なる

　小さい筐体に実装された DSC では機器内部（部品周囲）温度が局所的に上昇するため、大きなチャンバーに入れた場合に比べるとチップ温度は上昇します。つまり θ_{ja} は実装環境によって異なるため、JEDEC 規格で測定された θ_{ja} を実機に適用することはできません。あくまでも放熱性能を相対評価するためだけの指標です。

　一方、(式 20.2) はパッケージ表面温度 T_c を基準にしているため、一見よさそうな気がします。熱流体解析（Simcenter Flotherm を使用）で求めた ΔT_{jc}（$T_j - T_c$）と、θ_{jc} のカタログ値と発熱量から計算した ΔT_{jc} との比較を図 20.9 に示します。両者を比較すると全く値が異なることがわかります。

　チップ周辺の放熱構造を詳細にモデル化した熱流体解析の結果は、0.2 ℃程度なのに対し、θ_{jc}（カタログ値）から算出した ΔT_{jc} は、多くが 5 ℃以上と見積もられています。熱流体解析結果を真と考えれば、θ_{jc} を用いた推定は T_j を実際より高く見積もっていることになります。熱抵抗の過大評価なので、安全サイドの誤差ではありますが、5 ℃も高く見積もると「追加放熱対策が必要」と誤った判断をしかねないです。

　θ_{jc}（カタログ値）から算出される ΔT_{jc} が実際より大きな値となるのは、実際に発生する熱流量よりも大きな値を乗じているからです。熱抵抗とは、「2点間の温度差をその 2 点間を通過する熱流量で除したもの」です。(式 20.2) の P は発熱量ではなく、T_j と T_c の間の通過熱流量でなければなりません。

20.3 チップ温度の推定（チップ温度は思いのほかケース温度に近い）

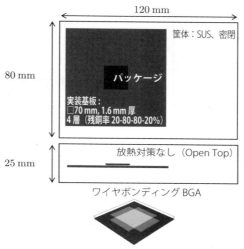

(a) 解析モデル

PKG [mm□]	Die [mm□]	θ_{jc} [℃/W]	Power [W]	ΔT_{jc} [℃] 熱流体解析結果	θ_{jc} からの推定
11	4	8.82	1.0	0.17	8.82
11	6	5.37	1.0	0.10	5.37
11	8	3.75	1.0	0.08	3.75
17	6	5.89	1.0	0.13	5.89
17	8	4.08	1.0	0.09	4.08
17	10	3.01	1.0	0.07	3.01
21	6	5.97	2.0	0.27	11.94
21	8	4.08	2.0	0.19	8.16
21	10	2.95	2.0	0.14	5.90

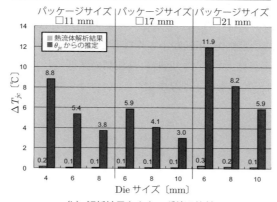

(b) 解析結果とカタログ値の比較

図 20.9 θ_{jc}（カタログ値）から推定した ΔT_{jc} と熱流体解析で求めた ΔT_{jc} の比較

第 20 章 半導体チップとパッケージ

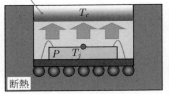
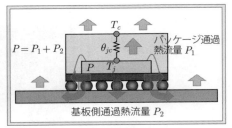

(a) θ_{jc}（カタログ値）の測定環境

パッケージ上面から 100% 放熱するよう側面・底面を「断熱」して測定
⇒ 放熱経路はパッケージ上方のみ

(b) 実際の環境
（パッケージ上面に放熱対策なし：Open Top の場合）

熱はパッケージ上面から放熱するものと基板側から放熱するものに分かれる
⇒ パッケージ上面からの放熱は半分以下

図 20.10 θ_{jc} を使うと誤差が出る理由

図 20.10（a）では「通過熱流量≒発熱量」となるため、熱抵抗の定義どおりですが、図（b）では、通過熱流量 $P_1 <$ 発熱量 P となります。

通過熱流量 P_1 を乗じるべきところに発熱量 P を乗じるため、大きな誤差が生じるのです。もちろん、パッケージ上面にヒートシンクを付けた場合など、上面に流れる熱流量が大きいときには、誤差は減少します。もし、水冷ジャケットを上面に搭載すれば誤差はなくなりますが、きわめてまれな実装でしょう。それ以外は θ_{jc} から算出される ΔT_{jc} は正しくないということです。

図 20.11 に上面にヒートシンクや水冷ジャケットを搭載した場合の比較を示します。放熱機構を搭載すると、T_j と T_c はどちらも低くなりますが、T_c が T_j より大きく減少するため、ΔT_{jc} が拡大します。熱回路網では、θ_{ca} を小さくするだけです。上面側の熱抵抗が小さくなることで上面側の熱流量が増大し、θ_{jc} 両端の温度差が拡大します。同時に基板側の熱抵抗とあわせた合成抵抗も低減するため T_j, T_c ともに下がります。

20.3 チップ温度の推定（チップ温度は思いのほかケース温度に近い） | 269

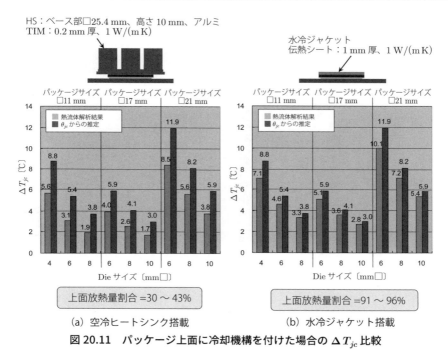

図 20.11 パッケージ上面に冷却機構を付けた場合の ΔT_{jc} 比較

(3) θ_{jc} に代わる熱パラメータ Ψ_{jt}

こうした θ_{jc} による温度予測誤差に対応するため、JEDEC 規格では Ψ_{jt} という熱パラメータが定義されています。これは θ_{jc} のように水冷ジャケットを装着して測定するのではなく、JEDEC 規格に準拠した基板とチャンバーに実装し、Open Top（上面に放熱機構を設けない）で上面中央の温度 T_c とチップ温度 T_j を測定するものです（図 20.7 参照）。$\Psi_{jt} = (T_j - T_c)/P$ という計算の定義は θ_{jc} と同じですが、測定環境が異なります。

Ψ_{jt} を使うと、ヒートシンクや筐体放熱といった対策をしない場合には、比較的精度よく T_j を予測できます。図 20.12 は異なる筐体、基板に同じパッケージを実装して、θ_{ja}, Ψ_{jt} の値を比較したものです。θ_{ja} に比べると Ψ_{jt} は実装環境に左右されず、安定した値をとることがわかります。

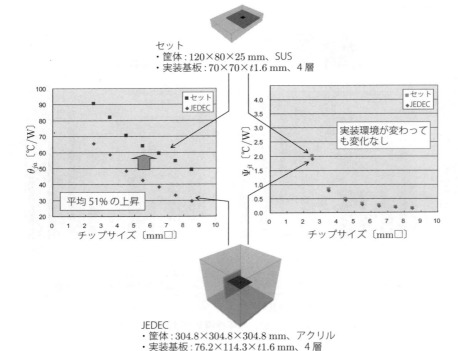

(a) θ_{ja} の環境による変化　　　　(b) Ψ_{jt} の環境による変化

図 20.12　実装環境による Ψ_{jt}, θ_{ja} の変化の比較（パッケージサイズ□ 24 mm、ピン数 176 での試算）

　代表的なパッケージの Ψ_{jt} を図 20.13 に示します。チップが非常に小さい場合を除くと、1.0 ℃/W より小さな値をとっています。この値に P を乗じて ΔT_{jc} が求まるので、θ_{jc} を用いた場合のように過大な値とはなりません。

　JEDEC 規格でギリシャ文字 θ を使う熱抵抗（θ_{ja}, θ_{jb}, θ_{jc}）と区別して文字 Ψ を使うのには理由があります。「熱抵抗」とは前述のとおり、「2 点間の温度差をその 2 点間を流れる熱流量で除したもの」です。しかし、Ψ_{jt} は T_c, T_j の 2 点温度差を通過熱流量でなく発熱量 P で割っています。これは定義上熱抵抗ではありません。そこで熱抵抗とは区別して「熱パラメータ」と定義されています。

20.3 チップ温度の推定（チップ温度は思いのほかケース温度に近い）

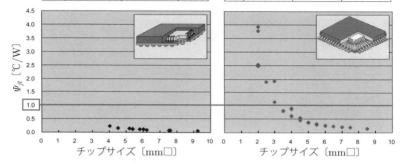

■PBGA(データ数：11個)

	チップサイズ〔mm□〕	レンジサイズ〔mm□〕	Ball数
Min	4.0	13	176
Max	9.2	33	449

■QFP(データ数：30個)

	チップサイズ〔mm□〕	レンジサイズ〔mm□〕	タブサイズ〔mm□〕
Min	2.0	7	2.7
Max	8.5	24	4.2

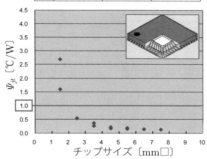

■QFN(データ数：11個)

	チップサイズ〔mm□〕	レンジサイズ〔mm□〕	タブサイズ〔mm□〕
Min	2.0	4	1.9
Max	7.5	10	7.9

図 20.13　Ψ_{jt} の代表的値（ほとんど 1 ℃/W 以下となる）

第20章 半導体チップとパッケージ

表20.1に、チップ温度を予測する際に使用可能な熱パラメータの適用範囲をまとめました。

表20.1 パッケージ熱特性の適用範囲

熱特性	T_j推定式	適用範囲 Open Top	適用範囲 ヒートシンク搭載	適用範囲 水冷機構搭載	理由
θ_{ja}	$T_j = \theta_{ja} \cdot P + T_a$	×	×	×	実装環境が変わるとθ_{ja}は大きく変わるため、誤差大
θ_{jc}	$T_j = \theta_{jc} \cdot P + T_c(T_t)$	×	△	○	● θ_{jc}測定時：$T_j \to T_c$（パッケージ上方）への放熱100% ● Open Top：$T_j \to T_c$への放熱はわずかなので× ● 水冷機構：$T_j \to T_c$への放熱が90%以上なので○
Ψ_{jt}	$T_j = \Psi_{jt} \cdot P + T_t$	○	×	×	【○の理由】 ● 実装環境が変わってもΨ_{jt}は大きな変動なし ● 値が小さいため、Ψ_{jt}誤差の影響小 【×の理由】 ● $T_j \to T_t$（パッケージ上方）への放熱量が多くなると誤差大

20.4　熱流体解析を使って θ_{ca}, θ_{ba} を精度よく求める方法

　熱流体解析ソフトウェアを使うと実測が難しい熱流量を算出することができます。これを利用すると、熱流体解析から熱抵抗を求め、熱回路網解析に使用することができます。

　熱流体解析ソフトを用いて、図 20.1（a）の半導体パッケージの放熱経路を作成します。チップ上面に面発熱（厚さ 0）を置き、これより上側への熱流量 P_up と下側への（チップに流れ込む）熱流量 P_dwn を解析結果から求めます。$P\_up + P\_dwn$ は P の総量（発熱量）となります。熱流体解析では T_j も求められるので、両端の温度差を通過熱流量で割れば、上面側の熱抵抗「θ_{ja_pkg}」と下面側の熱抵抗「θ_{ja_pcb}」が求められます（図 20.14）。

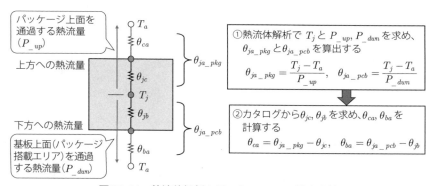

図 20.14　熱流体解析を用いた θ_{ca}, θ_{ba} の導出方法

　これまで考えてきた $\theta_{jc} + \theta_{ca}$ は θ_{ja_pkg}、$\theta_{jb} + \theta_{ba}$ は θ_{ja_pcb} なので、ここからそれぞれ θ_{jc} と θ_{jb} を引けば、θ_{ca} と θ_{ba} が求まります。こうして求めた θ_{ca}, θ_{ba} を用いて、2 抵抗で表した熱回路網解析結果と熱流体解析結果との比較を図 20.15 に示します。2 抵抗モデルでは、パッケージ上面の温度分布（中央が高く周辺で低い）を表すことはできないので、T_c は平均温度になりますが、パッケージ外形ごとに熱流体解析で求めた θ_{ca} と θ_{ba} にチップサイズごとの θ_{jc} と θ_{jb} を組み合わせると、熱流体解析結果に近い値が得られることがわかります。

第 20 章 半導体チップとパッケージ

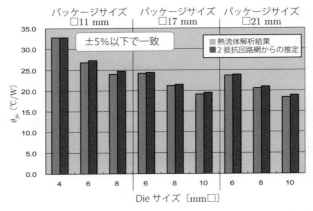

PKG	Die [mm□]	Power [W]	θ_{jc} [℃/W] 熱流体	θ_{jc} [℃/W] 簡易	比率 (簡易/熱流体) [%]
パッケージ □11 mm	4	1.0	32.8	32.8	100
	6	1.0	26.9	27.3	102
	8	1.0	24.0	24.8	103
パッケージ □17 mm	6	1.0	24.2	24.4	101
	8	1.0	21.2	21.6	102
	10	1.0	19.1	19.6	103
パッケージ □21 mm	6	2.0	23.7	23.9	101
	8	2.0	20.7	21.0	102
	10	2.0	18.5	19.0	103

図 20.15　熱流体解析で求めた 2 抵抗モデルの計算精度

　パッケージは厚さを持つので、構造によっては側面への熱流量が無視できないことがあります。QFP パッケージでチップサイズが小さいときは側方への放熱比率が大きくなっています。側方への放熱と下方への放熱の合計が基板への放熱ですので、上方への放熱比率が小さいことには変わりありません（図 20.16）。

20.4 熱流体解析を使って θ_{ca}, θ_{ba} を精度よく求める方法

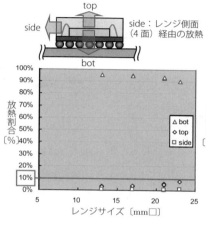
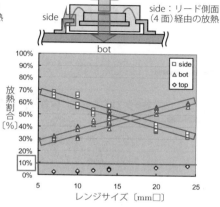
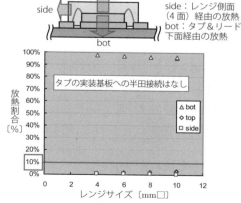

図 20.16　パッケージ別の各面からの放熱割合

第 21 章
温度が上昇する過程を追う

21.1 トランジェント解析の実行

　前章では定常状態の飽和温度を計算してきましたが、発熱量の変化などによって温度が上下する過程をシミュレーションしてみましょう。前章の熱回路網にキャパシタ（熱容量）を追加することで、時間変化が扱えるようになります。電気回路では、キャパシタ（初期状態で充電なし）にある瞬間から電圧 V を加えたときのキャパシタ両端の電圧を見れば、温度上昇カーブを知ることができます。自動制御の一次遅れ系のステップ応答に相当します。

(1) 電源の変更

　SIMetrix は過渡解析（トランジェント解析）機能も備えています。ここでも第 18 章で作成した回路図を使って説明します。発熱を時間の関数として指定するには、電流源を「Universal Source（SIMetrix only）」に変更します（図 21.1）。

　アイコンは DC 電流源と同じですが、ダブルクリックすると異なるウィンドウが開きます。図 21.2 のように、「Pulse」タブから「Step」を選択し、「Delay」にステップまでの時間（シミュレーション開始時刻が原点になります）、「Rise」にステップの立ち上がり時間（例えば「10u」など充分短い時間）を入力します。

　次に、プルダウンメニューから「Simulator」→「Choose Analysis...」を選

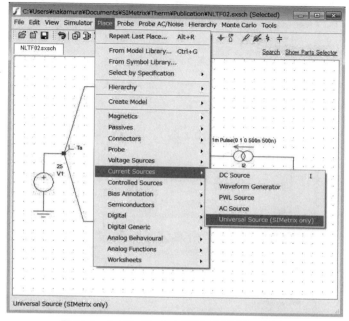

図 21.1　トランジェント解析（電流源の変更）

び、「Transient」タブを選択します。図 21.2 のように、「Stop time」には計算終了時間を入力します（例えば「1k」）。電子機器の温度上昇カーブを求めるには 1 000 s 程度まで計算する必要があります。それでも計算は一瞬で終わるので心配いりません。

第21章 温度が上昇する過程を追う

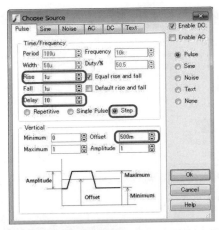

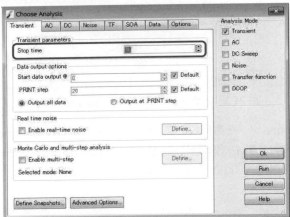

図 21.2 トランジェント解析（電流源のパラメータ設定）

(2) プローブの追加

これまで温度（電圧）を「Bias Annotation」を使って回路図上に表示させていましたが、これだと時間変化が表示できません。回路図に電圧、電流モニタが残っていたら削除します。プルダウンメニューから「Probe」→「Place Fixed Voltage Probe...」を選択し、T_jのノードにこれを配置します（図21.3）。

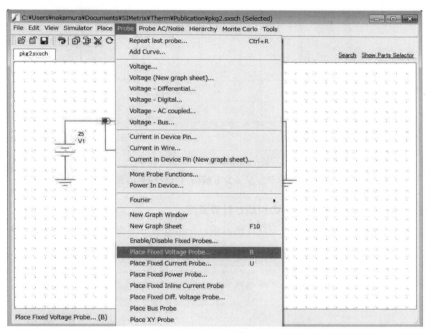

図21.3 トランジェント解析（表示用プローブの設定）

プローブ設置後、「F9」（再計算）を押せば、図21.4のように横軸が時間、縦軸が温度（電圧）のグラフが表示されます。温度が上がり始める時刻は「Delay」で設定した時間になっていることを確かめてください。小さい方がよかろうと「Rise」に「0」を入力すると立ち上がりに勾配がつくので注意しましょう。

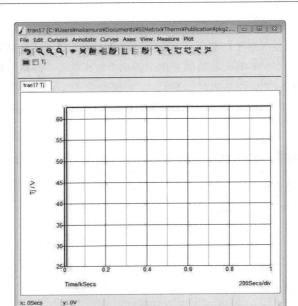

図 21.4 トランジェント解析（計算結果の表示）

(3) キャパシタ（熱容量）の付加と計算実行

チップ部（T_j）にキャパシタ（熱容量）を接続してみましょう（図 21.5）。

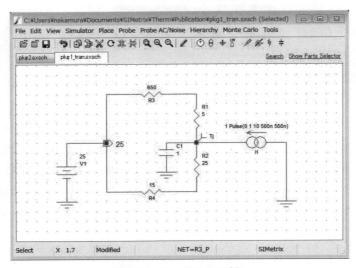

図 21.5 キャパシタの追加

電気回路のキャパシタ〔F〕（ファラド）は、熱回路の熱容量〔J/K〕に相当します。熱容量は温度を1℃上昇させるために必要な熱エネルギー〔J〕（ジュール）を表しますが、電気容量は電圧を1V上昇させるのに必要な電気量〔C〕（クーロン）を表しており、相似な関係になります。

電子部品では〔pF〕〔μF〕といった小さな単位になりますが、もっとずっと大きな単位、例えば1を入力します。キャパシタをダブルクリックしてパネルを開き、「Result」に「1」を設定します。設定後「F9」キーを押してみてください。続けて「Result」を「2」に変更して「F9」キー、さらに「Result」を「4」に変更して「F9」キーを押すと、図21.6のように容量を変化した曲線が重ね書きできるので試してみてください。

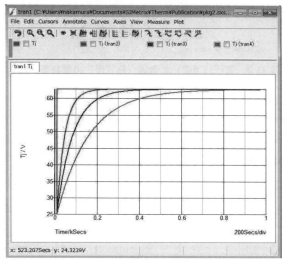

図 21.6　キャパシタの容量を変えた際のカーブの変化

キャパシタに流れる電流（熱流量）もプロットして確認できます。重ね書きしたグラフを一度閉じた後、「F9」キーを押し、容量4Fの曲線1本にしておきます。プルダウンメニューから、「Probe」→「Place Fixed Current Probe...」を選択してキャパシタの端子（右側）に重ねます。再計算すると上昇曲線と上下対称な指数曲線がプロットされます（図21.7）。キャパシタに流れる電流（充電電流）は、ステップ直後に最大値（1A）をとった後、徐々に減少してゼロになることがわかります。

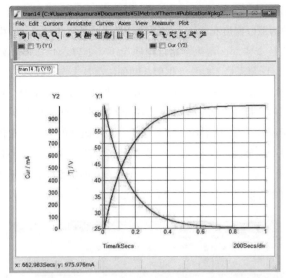

図 21.7　電圧（温度）と電流（熱流量）の重ね書き表示

　合計 1 A を電流源が供給しているので、キャパシタに流れる電流が減った分は抵抗に流れます。抵抗に流れる電流は増大を続けながらやがて飽和します。抵抗は一定なので、抵抗の両端電圧も電流の上昇と同じ曲線をたどり飽和します。この飽和電圧（温度）は、定常状態での温度に相当します。

(4) 時定数

　式で表現すると、電圧上昇は $V(t) = V_0 \cdot (1 - e^{-t/\tau})$、電流の減少は $I(t) = I_0 \cdot e^{-t/\tau}$ となります。τ は時定数と呼ばれ、時間のディメンジョンを持ちます。

　$t=\tau$ 時間の電圧を計算すると、$V(t) = V_0 \cdot (1 - e^{-1})$ なので $V(t) = V_0 \cdot 0.6321$ となります。時定数 τ 秒後の電圧（温度）上昇は定常状態の電圧（温度）上昇の 63.2% となります。また、時定数 τ が抵抗（R）とキャパシタ（C）の積となることは、3.5 節で説明したとおりです。

21.2 温度上昇カーブから熱抵抗と熱容量を算出する

半導体部品の熱回路モデルを精度よく作成するには、熱抵抗と熱容量を正確に抽出する必要があります。ここでは、熱流体解析や実測の結果を用いて、熱回路パラメータを抽出する方法について解説します。

図21.8は、単純な電子機器に実装されたチップの温度上昇カーブを熱流体解析で求めたものです。場所によって到達温度は異なりますが、初期温度65℃から、どれも一様な曲線を描いて上昇しています。この例では約1 000 sで定常温度に到達しています。このカーブから熱抵抗と熱容量を求め、熱回路網法で使えるパラメータを抽出する方法を考えてみましょう。

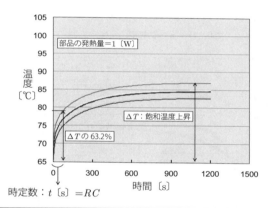

発熱条件	定常温度上昇	熱抵抗 (θ_{ja})	定常温度上昇の63.2%	時定数 (63.2%到達時間)	熱容量
1 W	22.1 ℃	22.1 ℃/W	13.9 ℃	70.1 s	3.2 J/℃

図 21.8　温度上昇カーブからの熱容量計算

時定数は RC であることを利用します。最高温度を描くカーブの飽和温度上昇は22.1 ℃、部品の発熱量は1 Wなので、熱抵抗 θ_{ja} は22.1 ℃/Wです。次に飽和温度上昇22.1 ℃の63.2%にあたる温度まで上昇するのに要する時間〔s〕が時定数なので、これを読み取ります。これはグラフから70.1 sとなります。

ここから、

$$熱容量\ C = 時定数\ \tau\ /\ 熱抵抗\ \theta_{ja}$$
$$= 70.1/22.1 = 3.2\ 〔\text{J}/℃〕$$

と推定できます。

ここで抽出した熱抵抗と熱容量を使って組み立てたモデルが図 21.9 です。

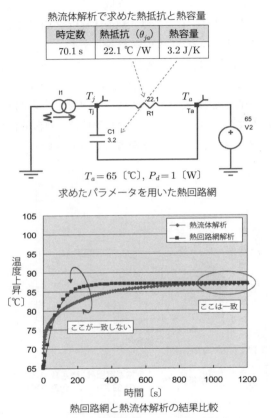

図 21.9　単純な熱回路網（RC 1 段）の昇温曲線

　ここでは、4 つの抵抗 θ_{jc}, θ_{ca}, θ_{jb}, θ_{ba} で表していた放熱経路をまとめて合成抵抗で考えています。熱抵抗 22.1 ℃ /W と熱容量 3.2 J/K の単純な RC 回路になります。

　これをトランジェント解析して得た昇温曲線を、熱流体解析の昇温曲線と比べてみると、到達温度は一致していますが、昇温過程の温度はかなり違っています。単純な RC 1 段の熱回路網法で表現するのは無理があるようです。

21.3　ラダー回路の多段化による上昇曲線の精度向上

熱流体解析では各部温度が求められているので、ここでは T_j, T_a に基板上の T_b、筐体上面（発熱チップの上方）の T_s の2点の温度を加えて分析し、抽出する熱回路パラメータを増やしてみましょう。

これら4点を結ぶ区間を①②③④とします。チップ上方への経路が④、下方への経路が区間①②に対応します。③は筐体から T_a までの区間です（図21.10）。

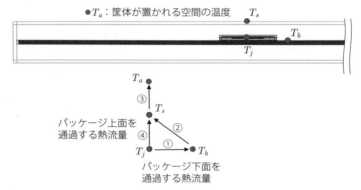

図 21.10　観測するポイントの追加

①②③④の昇温曲線を図 21.11 に示します。区間①は短時間で飽和し（時定数が小さい）、T_b は T_j の温度上昇によく追従することがわかります。区間②と区間④は、区間①より飽和時間が長く（時定数が大きく）、T_s は T_j や T_b よりゆっくり上昇することがわかります。T_a から見た T_s の温度上昇はさらに遅く、区間③はとても大きな時定数を持つことがわかります。

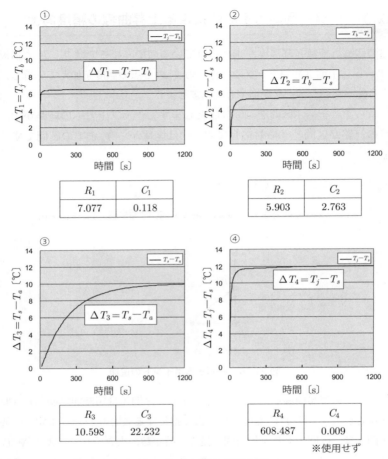

図 21.11　各区間の昇温曲線

21.2 節で説明した方法で、これらの温度上昇曲線から、個別に熱抵抗、熱容量を求めることができます。T_j から T_a への放熱経路の途中に存在するのが区間①②③④なので、図 21.12 のように接続して放熱経路全体を RC ラダー回路で表せます。

21.3 ラダー回路の多段化による上昇曲線の精度向上

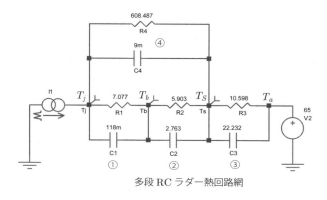

多段RCラダー熱回路網

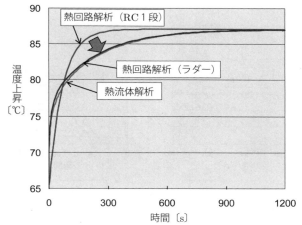

図 21.12 多段化した等価回路の昇温曲線

　このRCラダー回路の昇温曲線を熱流体解析の昇温曲線と比べると、RC 1段のものより格段に近い昇温曲線が得られることがわかります。区間②は区間①の熱容量の20倍、区間③は区間①の200倍近い熱容量を持っているので、これを1つの容量で代表しようとしたRC 1段の等価回路（図21.9）には無理があったようです。ラダー回路を T_b や T_s といった具体的な点で区切っているので、それらの温度上昇も表示できて便利ですし、どこに大きな熱容量がぶら下がっているかイメージできます。

　熱流体解析の結果を等価回路で表現しただけですが、パラメータスタディなどに重宝します。なお、熱容量の接続方法にはFoster型とCauer型があり、一次元ネットワークでは互いに変換可能です。分岐を扱うにはFoster型が扱い

やすいため採用しましたが、Cauer 型の方が物理的な意味を表現しやすいです。

基板への放熱だけでは充分冷却できない場合、パッケージと筐体をサーマルシートなどの TIM（Thermal Interface Material）で接続する対策が有効です。このようにパッケージの上面から放熱する構造をとった場合にも、同じ方法で熱回路モデルが作成できるか検討したのが図 21.13、図 21.14 です。

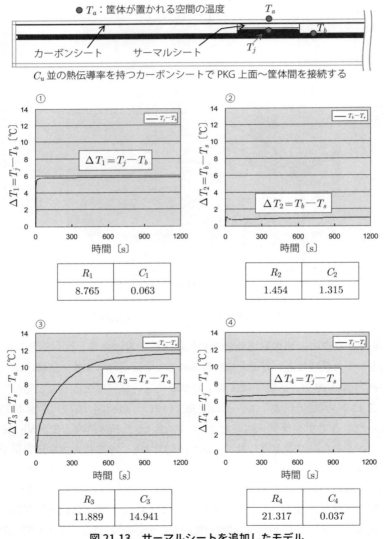

図 21.13 サーマルシートを追加したモデル

21.3 ラダー回路の多段化による上昇曲線の精度向上

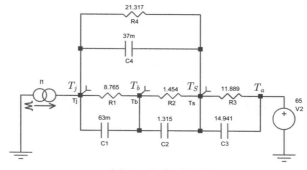

多段RCラダー熱回路網

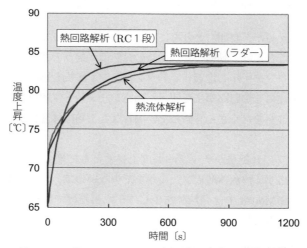

図 21.14 サーマルシートを追加したモデルの結果比較

　区間①②③④の昇温曲線が変化するため、改めて熱容量を求め直す必要がありますが、共通のトポロジを使って精度よくシミュレーション可能であることが確認できます。このように熱流体解析からRとCを抽出し、熱回路モデルを作成することで、パラメータスタディが容易になります。

第22章
先端デバイスの放熱設計

22.1 温度上昇に伴って増加する発熱量

　チップの発熱量が「時間」とともに変化することがあります。間欠的に動作するデバイスなどでは、動作時と停止時の発熱量が違うので、時間と発熱量の関係を示すプロファイルを定義してトランジェント解析を行います。

　こうした用途にも熱回路網法を使った回路シミュレータ解析が有用です。発熱バリエーションをたくさん評価したい場合など、熱流体解析よりずっと高速に計算できます。

　また、チップの発熱量がチップの温度上昇とともに増大する場合があります。これに対応する熱流体解析ツールがまだ少ないので、熱回路網の活用が特に有効です。SIMetrix では発熱源を少し修正するだけで解析できるので、この課題を解いてみましょう。

(1) 温度に依存する発熱量の定義

　プルダウンメニューから「Place」→「Analog Behavioural」→「Non-linear Transfer Function...」を選択して、電圧依存電流源（電圧で電流値を制御する電流源）を用意します（図 22.1）。

　ダブルクリックで設定ウィンドウを開き、「Arbitrary source」、「Differential current」にチェックを入れ、文字入力欄に例えば「table [0, 1, 70, 1, 90, 1.1, 110, 1.3, 130, 1.8, 150, 2.8, 170, 4.4, 200, 8] (v(n1))」と入力してください。これで、n1 端子に加わる電圧に応じて電流値が変化する電源の設定ができました。これは温度が変わることによって発熱量が変わる熱源を表しています（図 22.2）。

22.1 温度上昇に伴って増加する発熱量 | 291

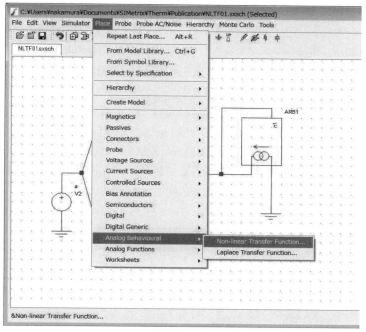

図 22.1 電圧依存電流源の入力

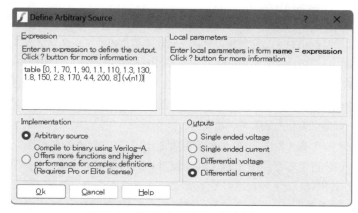

図 22.2 電圧依存電流源の設定例

第 22 章　先端デバイスの放熱設計

テーブルに書いた csv 形式の数値は、n1 端子の電圧が 0 V で 1 A、70 V で 1 A、90 V で 1.1 A、110 V で 1.3 A、……と、電圧に対する電流値の折れ線を座標（電圧、電流）で指定するもので、後掲の図 22.5 の Full モードの特性を表現しています。n1 端子で T_j を参照すれば、チップ温度が一定値を超えると発熱量が徐々に増大する特性を表せます。

こうしたテーブル形式で電圧（温度）によって値を変化させることは、抵抗に対しても行えます。プルダウンメニューから「Place」→「Passives」→「Arbitrary Non-Linear Resistor」で選択した抵抗では、図 22.2 で入力したテーブルと同じ形式で複数の抵抗値が設定できます。対流や放射など、熱抵抗が温度で変化することを考慮したい場合に利用するとよいでしょう。

SoC[1] やマイコンは消費電流が小さい CMOS[2] プロセスで作られています。90 nm 世代まではチップ温度が高くなっても消費電力の増大は顕著でありませんでしたが、65 nm 以降、70 ℃付近からリーク電流が増大する傾向が強く、高速トランジスタを使う比率が多ければ顕著に増大します。使用するデバイスによって温度依存性は異なりますが、125 ℃で常温 2 倍の発熱量に達するものが特殊とも言えなくなってきています。

(2) 熱暴走シミュレーション

発熱量に温度依存を持たせたチップ温度 T_j のシミュレーション結果を見てみましょう。ここで使った熱回路モデルは熱容量を簡易化して 1 素子としたものです。時間に対する発熱量の変化を確認するため、プルダウンメニューから「Place」→「Probe」→「Inline Current Probe」を選択した電流モニタも加えてあります（図 22.3）。周囲温度 T_a を 25 ℃から 65 ℃まで 10 ℃刻みで変えて、温度上昇カーブをプロットしたのが上段のグラフです。下段のグラフは消費電力の時間変化を表しています。

T_a が 10 ℃高くなると T_j の到達温度も 10 ℃高くなるのが普通ですが、T_j が 70 ℃を超えると、10 ℃以上高い温度に到達しています。$T_a = 45, 55, 65$〔℃〕から出発したものは途中で T_j が 70℃を超えるので、グラフから発熱量が 1 W より大きくなっているのが、確認できます。図 22.3 の範囲では、到達温度は T_a の増加を少し上回る程度で収まっています。

---

† 1　system-on-a-chip の略で、システム動作に必要な機能を 1 つの半導体チップに実装する方式。

† 2　相補型金属酸化膜半導体の構造の 1 つで、消費電力が少ないメリットがある。

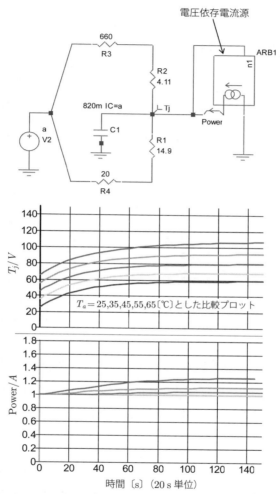

図 22.3 温度依存する発熱源のシミュレーション（周囲温度 65 ℃まで）

　周囲温度をさらに上げて、$T_a = 75, 85, 95$〔℃〕とした場合の計算結果を図 22.4 に示します。この 3 条件では、いずれも T_j が飽和せず、発熱量が指数関数的に増大しています。T_j がある領域に入ると発熱量が急増し始め、温度上昇も際限のない増加に転じます。これが熱暴走（Thermal Runaway）と呼ばれる現象です。

第 22 章 先端デバイスの放熱設計

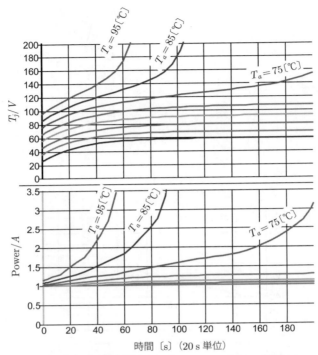

図 22.4 温度依存する発熱源のシミュレーション（周囲温度 95 ℃まで）

　熱暴走は、以前からバイポーラ型のトランジスタや IC にはみられた現象です。バイポーラ型に比べて消費電力が小さい CMOS 型では、一部の高速 CPU を除き、熱暴走は無縁と思われてきました。ところが、先端プロセスを使うと CMOS 型マイコンも熱暴走の危険を伴うようになってきました。

　PC 用の CPU のように温度センサを搭載し、強力な冷却ファンを装備するなどの措置をとればよいのですが、大げさな放熱対策ができない機器に搭載されることも多く、熱暴走対策は慎重に検討しなければなりません。

22.2 温度検出と発熱コントロール

　スマートフォン用に開発された低消費電力の CPU も、例外ではありません。処理能力を高めるため、高温でリーク電流が増大しやすい（V_{th} が低い）高速トランジスタをある程度利用しています。ところが、寸法、重量制約が大きい携帯機器ですから、放熱機構も限られたものとなります。やむなく、温度が上昇した場合は性能を犠牲にして消費電力を落とす対策がとられています。

(1) パワー抑制の組み込み

　例えば図 22.5 のように、マルチコア CPU で全コアを使わず、動かすコア数を 1/4 に限定した Eco モードを備えるような対策をとります。このような CPU のチップ温度を熱等価回路で解いてみましょう。

　温度に対する発熱量を 2 系統用意します。22.1 節で記述したテーブルを 2 つ用意して、切り替えられるようにします。ほかにも方法はありますが、わかりやすく「if 文で切り替える」方法で説明します。

　22.1 節で説明した熱回路網（図 22.3）をベースに作成するので、作成したファイルを「Save as」（別名保存）してください。電圧依存電流源をダブルクリックして、設定ウィンドウに以下のように入力します。

```
if((v(n2))<0.1, table [0, 1, 70, 1, 90, 1.1, 110, 1.3, 130, 1.8,
150, 2.8, 170, 4.4, 200, 8] (v(n1)), table [0, 0.3, 70, 0.3, 120,
0.5, 160, 1.1, 200, 2] (v(n1)))
```

　入力して「OK」ボタンをクリックすると、回路図上のアイコンに 1 つ端子（n2）が増えているはずです（図 22.5、22.6）。n2 端子の電圧（温度）が 0.1 V より小さければ前の table、大きければ後の table の数値を参照するようにしています。n2 端子には図 22.6 のようにスイッチ（S1）とバッテリーの出力電圧を接続します。このスイッチは on のときにバッテリー（V1）電圧、off のときには 0 V となるように高抵抗（1 kΩ）でアースに接続しています。

```
if((v(n2))>0.1,
table [0, 1, 70, 1, 90, 1.1, 110, 1.3, 130, 1.8, 150, 2.8, 170,
4.4, 200, 8] (v(n1)),
table [0, 0.3, 70, 0.3, 120, 0.5, 160, 1.1, 200, 2] (v(n1)))
```

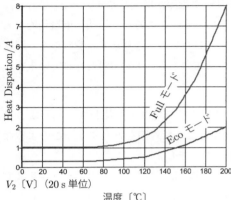

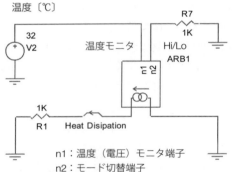

図 22.5　温度依存性を持つ発熱源（Full/Eco）の例

　スイッチ（S1）は，プルダウンメニューから「Place」→「Analog Functions」→「Switch with Hysteresis」を配置してください．アイコンをダブルクリックすると図22.6に示すウィンドウが開きます．上2段（Off Resistance、On Resistance）はoff/on時のスイッチが持つ抵抗値を指定する欄で，デフィルト（offは高抵抗，onは低抵抗）のままでかまいません．3段目（Threshold）、4段目（Hysteresis）の欄でonになる電圧をoffになる電圧より10℃高く，on/offの隙間（ヒステリシス）を設定しました．

　隙間がないスイッチ（同じ温度でon、offする）でon/off制御すると，境界の温度でどっちつかずの状態になり頻繁にon/offする「チャタリング」を起こ

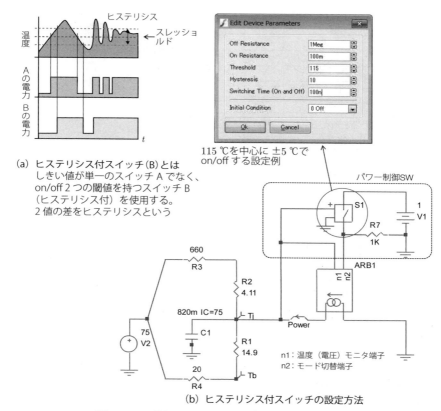

図 22.6 Full/Eco モードを切り替える温度スイッチ

します。on/off の継続時間を一定以上にしても回避できますが、ここではヒステリシスを設けて防止しました。115 ℃ を中心に ±5 ℃で off/on（複合同順）するようにしました。

(2) パワー制御の効果

T_a〔℃〕を振って昇温カーブ（T_j）を比較してみましょう。図 22.7 にシミュレーション結果を示します。

$T_a = 40$〔℃〕では Eco モードに切り替わることなく、T_j は単調に上昇して飽和温度に達します。$T_a = 75$〔℃〕で開始すると、T_j が 120 ℃（115 ℃ ±5 の上限）に達した瞬間に、S1 が on になり、n2 端子が Hi となって、後の table で記述した温度依存発熱量（Eco モード）に切り替わります。発熱量が

第22章 先端デバイスの放熱設計

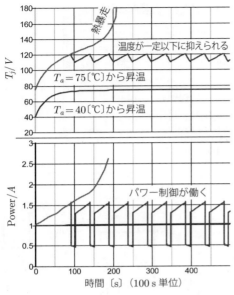

図 22.7 パワー制御による熱暴走の対策

1/4 となることから T_j は下降し始めます。徐々に温度が下がり T_j が 110 ℃（115 ℃ ±5 の下限）に達した時点で、再び前の table で記述した温度依存発熱量（Full モード）に戻るので、これを繰り返してノコギリ歯のような形状で時間変化します。こうして T_j が 120 ℃を超えないようにすることができます。

　図 22.8 に示す $T_a = 70$〔℃〕と $T_a = 75$〔℃〕で発熱量の推移を見てください。どちらも Full/Eco モードを行き来しますが、$T_a = 75$〔℃〕は $T_a = 70$〔℃〕に比べて Eco モードになっている時間比率が高いことがわかります。これがスマートフォンだとすると、CPU の速度が落ちた状態ですから、画面がサクサク更新されない状態に頻繁に陥っていることになります。

22.2 温度検出と発熱コントロール 299

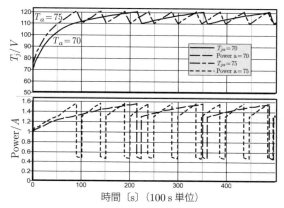

図 22.8　制御のかかり方（Eco モード滞在時間）

(3) パワー制御の限界

さらに $T_a = 80$〔℃〕以上ならどうなるのか予想してみてください。Eco モードに入る頻度が上がることは容易に想像できますが、T_j がどんな時間変化をするかは簡単には予想できないと思います（図 22.9）。

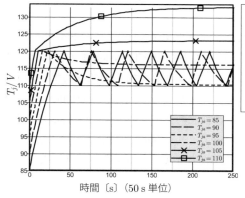

$T_a = 85, 90, 95, 100, 105, 110$〔℃〕で昇温カーブを比較した。$T_a = 95, 100$〔℃〕では T_j が制御範囲に入るものの、Eco モードとなったきり、Full モードに復帰せず、105, 110 ℃ では T_j が制御範囲に入らない。
制御(on/off)できるのは $T_a = 90$〔℃〕までと考えられる。

図 22.9　保証温度の限界

$T_a = 95$〔℃〕とすると、Eco モードに切り替わっても再び Full モードに切り替わる温度まで下がるのに 4 min 以上かかります。$T_a = 100$〔℃〕では電源 off にでもしない限り二度と Full モードに戻れません。T_j を冷却するのは、T_j と T_a の温度差です。T_a が高いと Eco モードの飽和温度が 110 ℃を超えるので、いくら待っても 110 ℃まで下がることはなく、Full モードに戻れないのです。$T_a = 100, 105, 110$〔℃〕の飽和温度は、最初から Eco モードでスタートしたときの温度と一致します。

とはいえ、Eco モード切り替えができるようにしたことで、$T_a = 75$〔℃〕以上で発生した熱暴走が $T_a = 110$〔℃〕でも防げています。携帯機器ではバッテリーに蓄えられたエネルギー以上の熱は放出されないものの、熱暴走となると短時間に発熱し、相当な高温に達するので、電流監視されたリチウムイオンバッテリーでさえ危険を伴います。製品安全の面からも温度モニタとパワー制御が重要になっています。

(4) パラメトリック解析

ここで T_a を振って比較したように、共通条件の中で特定のパラメータを変化させる解析をパラメトリック解析と言います。SIMetrix では、パラメトリック解析も可能です。

パラメトリック解析を行うには、プルダウンメニューから「Simulator」→「Choose Analysis...」で開き、設定ウィンドウの「Transient」タブの下の方にある「Enable multi-step」にチェックマークを入れ、「Define」ボタンをクリックしてください。図 22.10（a）に示すウィンドウで、「Parameter」にチェックを入れ、「Parameter name」に任意の文字（例では「a」としてます）を入力し、「Start value」、「Stop value」、「Number of steps」を指定します。「50」、「75」、「6」と入力すれば、50 ℃から 5 ℃ずつ 6 水準、75 ℃まで振ったグラフをまとめてプロットしてくれます。

任意に Step を刻みたければ、「Linear」の代わりに「List」をチェックすると開く「Define List」を使います。「Define List」に代入したい数値を入力し、「Add」ボタンをクリックして、ウィンドウに数値リストを作成します（図 22.10（b））。必要な数だけ数値を入力したら、「OK」ボタンをクリックして「Define List」を閉じます。

22.2 温度検出と発熱コントロール | 301

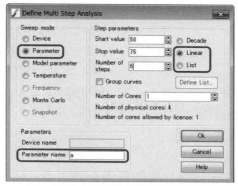

(a) パラメータの変化範囲、ステップ設定

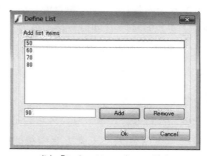

(b) 「Define List」ウィンドウ

(c) 引数の設定

図 22.10 パラメトリック解析の設定

いずれの方法でも、電圧源の電圧値などを「a」と指定すれば、指定した数値が順に代入されます。引数による電圧値の指定ですが、バッテリー記号のアイコンで示される電圧源は対応していません。プルダウンメニューから「Place」→「Voltage sources」→「Universal source（SIMetrix only）」で選択される電圧源を使用してください。この電圧源の設定ウィンドウで、「Text」をチェックすると、引数（ここでは「a」）が入力できるウィンドウが開きます（図 22.10（c））。

22.3　放熱性を確保して熱暴走を防ごう

これまでは、温度センサを内蔵した CPU を対象とし、T_j の時間遅れを考慮せずにパワー制御を考えました。CPU チップに温度センサが搭載されていない場合はどうしたらよいでしょう。例えば、基板上に設けた温度センサで検出した温度で制御するとどうなるか検討してみましょう。

(1) 基板上の温度センサによる制御

温度センサの位置を変えるには、ヒステリシスを設定した S1 がモニタしている点を移動します。モニタ点を T_b としたときの熱抵抗回路を図 22.11 に示します。

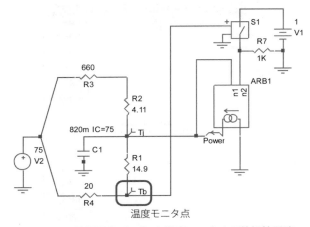

図 22.11　基板温度（T_b）を温度モニタする熱抵抗回路

22.3 放熱性を確保して熱暴走を防ごう | 303

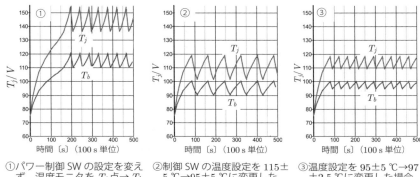

① パワー制御 SW の設定を変えず、温度モニタを T_j 点→ T_b 点に変更した場合
➡ T_j の最大温度が 30 ℃以上アップする

② 制御 SW の温度設定を 115±5 ℃→95±5 ℃に変更した場合
➡ 上限（T_j）は守れるが変動幅が約 20 ℃に拡大する

③ 温度設定を 95±5 ℃→97±2.5 ℃に変更した場合
➡ T_j をチップでモニタしたときの制御範囲に入れることができる

図 22.12 基板温度（T_b）を温度モニタした場合のパワー制御

　図 22.11 の状態でシミュレーションした結果が図 22.12 ①です。T_b はヒステリシスを設定した温度範囲に入っていますが、T_j はかなり温度が上がってしまっています。T_b は T_j より常に低いので、低めの設定温度で on/off 制御をすればよさそうです。

　設定温度を 115±5 ℃→95±5 ℃に変更した結果が図 22.12 ②です。20 ℃シフトすると T_j は 20 ℃以上シフトして 120 ℃を超えないようになります。これでかなり安全性が高くなりますが、チップ検出では 115±5 ℃だった T_j 変動が 110±10 ℃程度まで拡大してしまっていることがわかります。これだと温度が低い時間が長いので、もう少し早く Full モードに復帰させたくなります。

　±5 ℃としていた制御範囲を ±2.5 ℃まで縮め、あわせて中心温度も調整すると、③に示すようにほぼ T_j を 115±5 ℃に入れることができます。

　このように試行錯誤にはなりますが、数値を変更して瞬時に結果がわかる SIMetrix ならば、素早く設定値を探し出すことができます。

（2）基板以外の温度センサによる制御

　T_b 以外の点でモニタする場合はどうでしょう。パッケージの上に熱電対を設置するなど、温度のモニタ点を T_b よりもっとチップに寄せる構造を検討するには、θ_{jb} を分割して分割点でモニタします。逆に T_b よりチップから遠いところに置く場合も検討できます。第 3 部で紹介した、基板、筐体など放熱経路を分割した等価回路を作成して、どこでモニタするとよい応答が得られるか検

討することもできます。

　温度モニタする点が遠すぎる場合など、制御範囲（on/offの温度差）をいくら縮めても、目標範囲に温度が入らなくなることがあります。モニタに適した点とは、比較的広い制御範囲で制御できることです。チップから遠く、熱容量が大きい点で温度モニタすると、モニタ点が設定温度に達した時点では T_j が先行して温度上昇してしまい、安全の確保が難しくなるでしょう。

　こうした安全設計は、Ecoモードを備えていない小規模のCPUに対しても必要となっています。チップ面積、コスト制約などからチップにサーマルダイオードを搭載していないチップ群です。こうしたチップ群も先端プロセスに移行するので、これまで意識する必要がなかった「熱暴走」対策が必要となります。大規模CPUでのFull→Ecoモード切り替えと違い、CPU動作を停止するような処理を入れて安全を確保します。そのときいきなり電源遮断させず、冷却後に機能が回復しやすいよう、処理中のデータの保存などを行ってからスタンバイに入る処理をさせるなど、きめ細かい温度制御設計の必要があるのです。

　設定温度やモニタ点を探るのも大切ですが、放熱経路の「熱抵抗」を低減することが最も重要なことを忘れないでください。どんなに発熱量の温度依存性が高いデバイスも熱抵抗を充分低減すれば「熱暴走」は回避できます。図22.11の θ_{jb}（R1）を10℃/Wに低減すれば、Ecoモードに頼らないで運転可能な温度が $T_a=65$〔℃〕から $T_a=85$〔℃〕まで拡大できます。θ_{ca}（R3）を50℃/Wに低減しても同様に $T_a=85$〔℃〕まで拡大できます。パソコンやゲーム用のCPUで非常に冷却効率が高い放熱機構を採用しているのはこのためなのです。

索　引

[ギリシャ文字・英字]

θ_{cb} 171, 194
θ_{ja} 124, 260
θ_{jb} 124, 261
θ_{jc} 124, 171, 261
Ψ_{jt} 124, 270

CFD 5

Excel 50

FORECAST 関数（Excel）...................... 156

Google Colaboratory 210

Jupyter Notebook 211

LOOKUP 関数（Excel）.......................... 116

PCM 30
PWL 248
Python 248

Simcenter Flotherm 174
SIMetrix 227

TDP 190
TEC 144
TEG 150
TIM 30

VBA（Excel）... 87

[あ]

圧損 68
圧損係数 70
圧力 13
圧力損失 68
圧力損失係数 73
アルミプレートの温度上昇 114
アルミプレートの定常温度 93

異方性等価熱伝導率 25
入口圧損係数 77

エネルギーの保存 13

温度検出（SIMetrix）............................. 295
温度差 14
温度差（SIMetrix）................................. 236
温度上限 7
温度上昇（SIMetrix）............................. 290
温度の均一化 16
温度ベクトル 86

[か]

回路シミュレータ 225
荷重ベクトル 86
仮説立案 5
過渡解析 108
過渡解析（SIMetrix）................... 245, 276
過渡熱計算 34
金網の圧損 72
換気 23, 51
管摩擦係数 70

索 引

基板 3
基板に実装した部品 126
ギャップフィラー 30
吸収率 20
強制対流 18
強制対流平均熱伝達率 19
筐体 3, 129
筐体温度計算式 7
局所圧損 68
局所圧損係数 71, 77
局所熱伝達率 101
キルヒホッフの法則 43

空気温度 78

検証 5
現物実験 4

高熱伝導接着剤 30
ゴールシーク（Excel）.......................... 56
コールドスポット 16

[さ]

サーマルグリース 30, 31
サーマルスロットリング 190
サーマルテープ 30
サーマルビア 104, 185

自然空冷筐体の内部温度 64
自然対流 18
自然対流平均熱伝達率 19
実効静圧 77
実効風量 77
時定数 35, 282
シミュレーション（SIMetrix）........... 174
ジャンクション・ケース間の熱抵抗 171
周囲温度 4
周囲空気 18
ジュール発熱 61

循環参照（Excel）.................................. 54
条件付き書式 174
消費電力 7
使用部品の温度上限 7
真実接触点 29

数値解析ソフト 48
数値実験 4
数値流体力学ソフトウェア 5
ステファン - ボルツマン定数 20
スパース行列 210
スパースソルバー 220

製品使用温度範囲 7
製品の温度上限 7
絶縁体 24
接触熱抵抗 29
接触面 29
節点方程式 44, 85
セラミックヒータの温度上昇 58

相変化材料 30
層流 19

[た]

対流 6, 18, 51
多層基板の熱回路モデル 179
橘の式 29

蓄熱 34
蓄熱量 44
直列則（通風抵抗）............................... 75

通風口 132
通風抵抗 74, 76

低温やけど 12
抵抗 14
定常状態 34

定常熱解析	93
定常熱計算	34
電圧依存電流源	290
電圧源（SIMetrix）	236
電子機器	123
電子機器内の空気温度分布	162
電子機器内の風量分布	157
電子機器用熱計算式	40
電磁波による熱輸送	6
伝熱工学	6
伝熱工学的アプローチ	18
伝熱シート	31
伝熱面積	26
電流源（SIMetrix）	236
等価距離	182
等価熱伝導率	24
導体	24
トランジェント解析（SIMetrix）	276

[な]

流れ	13
流れと温度の統合計算	76
流れのオームの法則	153
流れの計算	68
ナビエ-ストークスの式	18
ニュートンの冷却法則	18
熱移動	22
熱エネルギーの移動	20
熱エネルギーの保存	43
熱解析型	4
熱回路パラメータを抽出	283
熱回路網法	5, 42, 85, 93, 108, 137
熱コンダクタンス	14, 17, 18, 22, 23
熱時定数	34
熱水管	141
熱制御型	5
熱設計	3, 5, 18

熱設計型	4
熱設計のアウトプット	8
熱設計のインプット	7
熱対策型	4
熱抵抗	14, 17, 18, 22, 23, 44
熱電素子	144
熱伝達率	18, 78
熱伝達率の係数	19
熱伝達率の非線形性	98
熱伝導	16
熱伝導シート	30, 31
熱伝導方程式	39
熱伝導マトリクス	86
熱伝導率	16
熱電発電	150
熱のオームの法則	14
熱の論理回路	45
熱疲労	10
熱風加熱	137
熱放射	6, 20
熱放射量	20
熱暴走	9, 302
熱マネジメント	3
熱輸送	6
熱容量	34, 276
熱流体解析ソフトウェア	48, 273
熱流体シミュレーション	4, 18
熱流量	14, 17, 18, 21, 22, 23
熱流量（SIMetrix）	236

[は]

配線（SIMetrix）	232
配線の温度上昇	61
バスバーの温度上昇	61
発熱コントロール（SIMetrix）	295
発熱量	7
発熱量の見積	191
パラメトリック解析（SIMetrix）	300
パンチングメタルの圧損	71

半導体チップ ... 257
半導体のチップ温度 ... 264
半導体パッケージ ... 257
半導体パッケージの熱特性 ... 263
バンド幅 ... 202
バンドマトリクス法 ... 202
反復計算（Excel） ... 54

ヒステリシス ... 296
ビスマス - テルル ... 146
非定常 ... 44
非定常熱計算 ... 34
ヒルパートの式 ... 139
広がり熱抵抗 ... 27

ファン ... 132
フィン効率 ... 32
風速 ... 68, 77
風量 ... 68, 77
風量調整 ... 163
輻射 ... 20
部品 ... 3, 123
部品温度 ... 78
部品温度の管理 ... 4
部品使用温度範囲 ... 7
部品の熱回路モデル ... 173
部品の配置（SIMetrix） ... 230
ブラジウスの式 ... 70
プリント基板 ... 125
プリント基板上の部品の放熱経路 ... 104

並列則（通風抵抗） ... 75
壁面温度 ... 18
ペルチェ効果 ... 145
ペルチェ素子 ... 144
ペルチェモジュール ... 145

ペルチェモジュールによる発電 ... 150
ペルチェモジュールによる冷却 ... 144

放射 ... 51
放射係数 ... 22
放射の熱伝達率 ... 22
放射率 ... 20
ホットスポット ... 16

[ま]
マクロ（Excel） ... 57, 87, 91, 108
摩擦 ... 70
摩擦圧損 ... 68
摩擦圧損係数 ... 77

密閉筐体 ... 129

メッシュの圧損 ... 72
メッシュ分割 ... 49

モデリング ... 49
モデル作成 ... 49

[ら]
ラダー回路 ... 285
乱流 ... 19

リーク電流 ... 9
流体抵抗 ... 74
流体抵抗回路 ... 74
流体抵抗網法 ... 153
流体の挙動 ... 6
流路変化 ... 71

レイノルズ数 ... 70

著者プロフィール

国峯尚樹　（くにみね・なおき）

（株）サーマルデザインラボ代表取締役
勤務先：群馬県高崎市
1977 年　沖電気工業（株）入社
2007 年　（株）サーマルデザインラボ設立

▶サーマルデザインラボ
- ホームページ：http://www.thermo-clinic.com
- 専門分野及び主な対応テーマ：電子機器・デバイスの熱設計、放熱材料、熱流体解析、伝熱工学、CAE/CAD/CAM/PDM
- コンサルティング及び研究実績：電機メーカー、自動車・部品、材料メーカー等のコンサルティング（約 300 社）セミナー、講演等

○主な著書

『トコトンやさしい熱設計の本 第 2 版』（共著、日刊工業新聞社、2023）／『トランジスタ技術 SPECIAL はじめての回路の熱設計テクニック』（CQ 出版、2022）／『熱設計完全制覇』（日刊工業新聞社、2018）／『電子機器の熱流体解析入門 第 2 版』（編著、日刊工業新聞社、2015）／『電子機器の熱対策設計 第 2 版』（共著、日刊工業新聞社、2006）／『熱設計完全入門』（日刊工業新聞社、1997）／『プリント配線技術読本』（共著、日刊工業新聞社、1989）

中村　篤　（なかむら・あつし）

アルティメイトテクノロジィズ（株）CTO
勤務先：長野県長野市
1982 年　（株）日立製作所 武蔵工場 入社
2013 年　アルティメイトテクノロジィズ（株）入社
電子機器のノイズと放熱をチップ /PKG/ ボード / 筐体にわたって最適化することを目指して 2013 年より現職

▶アルティメイトテクノロジィズ（カトーレック株式会社グループ）
- ホームページ：https://www.uti2k.com/
- 業務内容：回路設計、PCB 設計、電子機器の熱設計、SI/PI/EMC 設計、RF 特性解析、ソフトウェア開発
- 業務実績：電機メーカー、自動車、電装機器メーカーの PCB 設計、特性解析、半導体メーカーのリファレンス設計

○主な著書

『図解 最先端半導体パッケージ技術のすべて』（共著、工業調査会、2007）／『EMC 設計技術 応用編』（共著、エレクトロニクス実装学会、2004）／『エリック・ボガティン 高速デジタル信号の伝送技術 原書 3 版：シグナル パワーインテグリティ入門』（共訳、丸善出版、2021）

○WEB 掲載

『車載機器の雑音規格「CISPR25」に適合させるためのシミュレーション技術』（取材、日経テクノロジー オンライン、2014 ／『あなたが思うほどチップ温度は高くないかもしれない』（取材、Tech-On!、2009）

- 本書の内容に関する質問は、オーム社ホームページの「サポート」から、「お問合せ」の「書籍に関するお問合せ」をご参照いただくか、または書状にてオーム社編集局宛にお願いします。お受けできる質問は本書で紹介した内容に限らせていただきます。なお、電話での質問にはお答えできませんので、あらかじめご了承ください。
- 万一、落丁・乱丁の場合は、送料当社負担でお取替えいたします。当社販売課宛にお送りください。
- 本書の一部の複写複製を希望される場合は、本書扉裏を参照してください。

JCOPY ＜出版者著作権管理機構 委託出版物＞

熱設計と数値シミュレーション（第2版）

2015 年 8 月 3 日　　第 1 版第 1 刷発行
2024 年 9 月 25 日　　第 2 版第 1 刷発行

著　者　国峯尚樹・中村　篤
発行者　村上和夫
発行所　株式会社オーム社
　　　　郵便番号　101-8460
　　　　東京都千代田区神田錦町 3-1
　　　　電話　03（3233）0641（代表）
　　　　URL　https://www.ohmsha.co.jp/

© 国峯尚樹・中村　篤 2024

組版　伊藤　健　印刷・製本　三美印刷
ISBN978-4-274-23244-2　Printed in Japan

本書の感想募集　https://www.ohmsha.co.jp/kansou/

本書をお読みになった感想を上記サイトまでお寄せください。
お寄せいただいた方には、抽選でプレゼントを差し上げます。